우주 탄생의
비밀을 찾아서

**우주 탄생의
비밀을 찾아서**

초판 1쇄 인쇄 2018년 10월 30일
초판 1쇄 발행 2018년 11월 5일

–

지은이 원은일
펴낸이 이방원
편 집 윤원진 · 김명희 · 이윤석 · 안효희 · 강윤경 · 홍순용
디자인 손경화 · 박혜옥 **영업** 최성수 **마케팅** 이미선

–

펴낸곳 세창출판사
신고번호 제300-1990-63호
주소 03735 서울시 서대문구 경기대로 88 냉천빌딩 4층
전화 02-723-8660 팩스 02-720-4579
이메일 edit@sechangpub.co.kr 홈페이지 http://www.sechangpub.co.kr

–

ISBN 978-89-8411-777-8 03420

이 도서의 국립중앙도서관 출판시도서목록(CIP)은 서지정보유통지원시스템 홈페이지(http://seoji.nl.go.kr)와
국가자료공동목록시스템(http://www.nl.go.kr/kolisnet)에서 이용하실 수 있습니다.(CIP제어번호: CIP2018033277)
이 도서는 고려대학교 문과대학 박준구 기금 인문교양총서 지원으로 출간되었습니다.
이 도서는 한국출판문화산업진흥원 2018년 우수출판콘텐츠 제작 지원 사업 선정작입니다.

우주 탄생의 비밀을 찾아서

원은일 지음

세창출판사

들어가는 말

2016년 어느 가을날, 아산이학관 연구실에 앉아서 이제 거의 마무리 단계인 논문 하나를 정리하고 있었는데 전화벨이 울렸습니다. "원은일 교수님이신가요? 저는 사학과 강제훈입니다"라는 목소리가 들렸습니다. 강제훈 교수님은 평소에 학교 내의 교육과정위원회를 통하여 알게 된 사학과 교수님인데 물리학과 교수인 저에게 전화를 따로 주시는 일은 흔치 않았고 대개 이런 경우 어려운 부탁을 하거나 쉽게 이야기를 꺼내기 곤란한 경우일 것입니다. 이러한 생각에 "아, 예" 하며 인사를 하면서 약간은 긴장하고 있었는데 갑자기 강제훈 교수님께서 "원 교수님, 과학 관련 교양서를 하나 써 주셔야겠습니다"라고 하셨고 내용인즉슨 우리나라에서 일반인 대상의 과학 번역서는 많이 있지만 우리의 생각을 담은 과학 교양서는 많지 않은데, 우연히도 문과대학에서 현재 다양한 분야의 교양서 집필을 추진 중에 있고 마침 이번 기회에 제 연구 분야에 대하여 일반인들을 대상으로 하는 과학서 집필을 부탁하시는 것이었습니다. 속으로 '이거 빠져나가기 힘들겠군'이라 생각하던 차에 강 교수님은 벌써 저를 설득하기 시작하였습니다. "여러 모로 바쁘시겠지만 좋은 일이라 생각하시고 …"라고 말하시며 문과 교수님답게 다양한 논리와 달변으로 집필을 부탁하셨습니다. 약 10분간의 전화 통화 동안 한마디도 못 하고 있다가 마침내 "네, 좋은 취지로 생각되고 한번 열심히 해 보겠습니다"란 말과 함께 전화를 끊었습니다.

'잠시만, 내가 지금 무슨 일을 벌인거지?'라는 생각이 밀려왔습니다. 지난 2010년, 셋째를 임신한 아내를 재우고 물리학 분야 학부생을 위하여 『핵 및 입자물리학』 교재를 번역한 이후 이런 고생스러운 일은 절대로 하지 않겠다고 다짐했는데, 벌써 다 잊었단 말인가! 하는 생각에 피식 웃음이 흘러나왔습니다. 하지만 잠시 생각해 보니 뭐 그리 나쁜 선택은 아닌 듯싶었습니다. 2008년부터 시작한 우주론 실험 연구가 좋은 주제로 생각되었고 이번 기회를 통하여 전문가가 아닌 일반인을 대상으로 과학 교양서를 한번 잘 써 보는 일도 보람된 일이라고 생각되었습니다. 그런데 이 작업을 시작하고 나서 바로 깨달은 사실은 제가 지금까지 한 번도 교양서를 써 본 적이 없다는 사실이었고 이 사실은 뼈아프게 다가왔습니다. 우선 전문용어들만 튀어나왔고 그마저도 거의 대부분 영어 단어로만 생각나 저 자신이 우리나라의 과학자로서 얼마나 과학의 대중화에 무관심한 채 실험실에서만 살아왔는가 반성을 많이 하게 되었습니다.

우연인지 필연인지 강제훈 교수님의 전화를 받기 전 저는 2016년 가을학기에 "Discover KU"라는 프로그램에 초대를 받아서 인문계

학생들 및 일반인을 대상으로 강연을 하였습니다. 이후 글을 쓰기 시작한 그해, 저희 학교의 중앙광장 지하에서 커피를 마시면서 국제겨울학교 수업을 준비하고 있는데 어떤 학생이 인사를 꾸벅하여 올려다보았더니 가을학기 때 강연을 인상 깊게 들었다며 인사를 했고, 저는 제가 요새 책을 쓰고 있으니 나중에 한 권 주겠다고 하였습니다. 이후 제가 쓰고 있는 글이 비전문가에게 어떻게 보일까 궁금하여 그 학생에게 검토 아르바이트를 부탁하였고 아니나 다를까 많은 의견을 주었습니다. 이 자리를 빌려 언론대학원 한은현 학생에게 감사드립니다.

이 책에 나오는 그림은 〈그림 1.7, 3.9, 5.4, 6.4, 7.3, 7.4, 9.4, 9.7, 9.8〉의 자료를 제외하고는 모두 제가 직접 그렸거나 촬영한 것이고 (그 외의 것들은 연구하는 과정에서 만들어진 것들임) 어려운 개념을 전달하려고 가끔은 익살스러운 그림도 넣어 보았는데 독자들께는 어떻게 보일지 궁금하기도 합니다.

글을 쓰다 보니 이리저리 참고할 책들도 많고 전문 논문들도 다시 보게 되었는데, 돌이켜 보면 대부분의 참고문헌이 영어로 되어 있어서 독자 여러분들이 접근하기가 쉽지 않을 수도 있다는 생각을 지울 수 없었고, 또한 과학자의 한 사람으로서 과학의 대중화에 무관심했던 제가 또다시 부끄럽게 생각되었습니다. 책의 뒷부분에 정리해 놓은 참고자료는 가능한 한 부연 설명을 많이 하여 독자들의 이해를 높이려고 노력하였습니다. 또한 글에 등장하는 외국인 이름은 우리 모두가 알고 있는 아인슈타인과 같은 경우를 제외하고 모두 원어 이름을 같이 표기하여 독자들이 개별적으로 알아보는 데 도움을 주려고도 했습니다.

끝으로 최종 단계에서 오타 등을 검토해 준 김재박 박사, 문현기, 김경태 학생들에게 감사드립니다. 수많은 오타와 실수들을 발견해 주었습니다. 집필 작업은 제가 직접 “한글 라텍”을 사용하여 진행하였습니다. 이를 다시 세창출판사에서 수작업으로 바꾸어서 책이 만들어졌고, 이 자리를 빌려 이렇게 까다로운 작업환경에서 책을 만들어 주신 세창출판사 김명희 편집실장님께도 감사드립니다.

이 책을 일 년에 걸쳐 다 쓰고 나서 돌이켜 보니, 아쉬운 점도 많고 좀 더 쉽게 설명할 수 있었던 부분이 여기저기 보이기도 합니다. 독자 여러분들께서 이 책의 설명에서 부족한 부분이 있다고 생각하시면 주저하지 마시고 즉시 저에게 메일로 알려 주시기 바랍니다(eunilwon@korea.ac.kr). 혹시 나올지도 모를 두 번째 판에 반영하도록 하겠습니다. 이 자리를 빌려 아들 셋을 잘 키워 주면서 이 책을 잘 쓸 수 있도록 열심히 응원해 준 아내 동화에게도 감사한다는 말을 하고 싶습니다.

2018년 10월 안암골에서

원은일

차례

3장. 상대적 시공간 73

4장. 쪼개고 또 쪼개면? 111

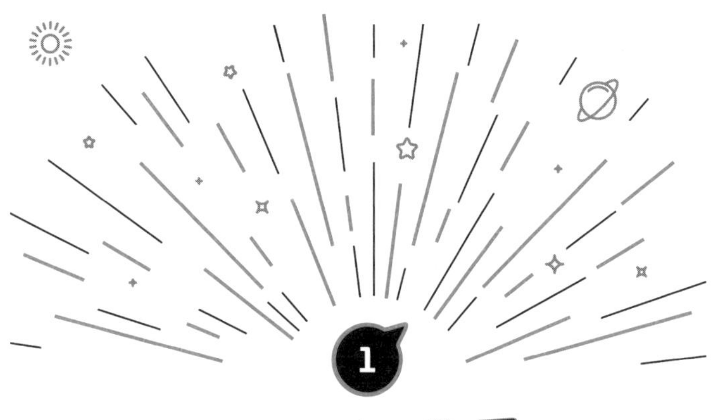

광활한 우주

1 소개의 글

제가 지금 하고 있는 우주론 실험 연구는 아주 오래전부터 관심을 두었던 연구 주제입니다. 지금은 초등학교라고 부르지만 제가 어릴 때는 국민학교라고 불렀고, 정확하게 기억은 못 하지만 국민학교 4학년 무렵이었으니까 1980년대 초인 듯싶습니다. 지금은 돌아가셨지만 그 당시 약사셨던 아버지는 퇴근길에 가끔 통닭을 사오시곤 했습니다. 통닭을 본 저와 저희 형은 재빨리 다리를 하나씩 잡고 게걸스럽게 뜯어 먹고 나서 밖에 있는 평상에 누워 밤하늘을 바라보며 재잘거렸던 기억이 어렴풋이 납니다. 밤하늘에는 은하수가 우유를 뿌린듯이 펼쳐져 있었고 밤하늘에 반짝이는 그 수많은 별들을 보면서 "저 별들은 다 어디서 왔을까?", "우주는 끝이 있을까?", "우리는 여기서 무엇을 하고 있는 것일까?"라는 질문들을 하곤 했습니다. 이러한 호기심 때문에 저는 계속 물리학 공부를 하게 되었고 40대 후반인 지금까지 물리학을 공부하고 있습니다. 저희 형은 대학까지는 물리를 공부했지만 지금은 금융회사에 다니고 있으니 밤하늘은 우리를 과학자로 인도하는 효율이 50%나 되는 아주 멋진 인생의 길잡이라는 생각이 듭니다. 앞으로 이야기할 내용은 저의 인생을 물리학으로 인도한 우주에 대한 내용입니다. 여러분들은 우주가 얼마나 큰지 알고 있습니까?

2 넓고 넓은 우주

평소에는 잘 인지하고 있지 못하지만 우리가 속해 있는 우주는 상상하기 어려울 정도로 매우 큰 것으로 관측되고 있습니다. 막연히 크다고 알고 있는 우주가 얼마나 큰지, 그리고 어떠한 구조인지에 대한 이야기로부터 이 책의 내용을 시작하겠습니다. 대한민국을 가로지르는 서울과 부산 간의 거리는 대략 400킬로미터*이고 우리가 살고 있는 지구의 반경은 서울과 부산 간 거리의 10배가 넘

* 1킬로미터=1,000미터이고 단위로 표현하면 km입니다. 여기서 k는 1,000배를 뜻하고 m은 미터의 표준 기호입니다.

어서 6,400킬로미터 정도라는 사실은 독자들께서 다 알고 있으리라 생각됩니다. 하지만 우리가 살고 있는 지구에서 가장 가까운 위성인 달까지는 40만 킬로미터, 즉 4억 미터나 된다는 사실은 평소에 잘 느끼고 있지는 않겠지요? 적어도 저는 잘 못 느끼고 생활합니다. 시작부터 벌써 "억" 소리가 나서 부담이 될지도 모르지만 이제부터가 시작입니다. 아폴로 11호는 인류 역사상 최초로 인간을 달에 보낸 로켓으로서 달까지의 여행은 4일이 넘게 걸렸습니다. 얼마나 긴 거리인지 아직도 감이 잘 안 온다면 이렇게 설명하겠습니다. 지구와 달 사이의 거리에는 지구를 약 30개 정도 놓을 수 있습니다. 꽤 멀지요? 하지만 지구로부터 태양까지의 거리를 생각하면 그렇지도 않습니다. 지구로부터 태양까지의 거리는 자그마치 1억 킬로미터, 즉 10^{11}미터*이고 이 거리 사이에는 지구를 약 1만 개 정도 놓을 수 있습니다. 그런데 지구와 달 사이의 거리를 지구의 크기 단위로 표현해 보았으니 지구와 태양의 거리도 당연히 더 큰 태양의 크기를 기준으로 생각해 보아야 한다는 독자도 있을 것입니다. 실제로 지구와 태양 사이의 거리에는 태양을 약 100개 정도 놓을 수 있습니다. 이 거리는 더 이상 빠를 수 없다는 빛의 속력으로

* 혹시 독자 중에 이러한 표현에 익숙지 않은 분이 있습니까? 10^{11} = 100,000,000,000이라는 의미이고 1 뒤에 0이 11개 있습니다. 앞으로 이러한 표현이 자주 등장할 예정이므로 이 표현에 익숙해지기를 바랍니다.

도 8분 이상 소요되는 거리입니다.* 이제 태양계로 눈을 돌려 보겠습니다. 태양을 중심으로 8개의 행성인 수성, 금성, 지구, 화성, 목성, 토성, 천왕성, 해왕성으로 이루어진 태양계의 크기는 지구와 태양 거리의 약 10배 정도 되어 대략 10^{12}미터로 알려져 있습니다.

이제 태양계를 떠나 태양으로부터 가장 가까운 별을 찾아보겠습니다. 태양에서 가장 가까운 이웃이 되는 별은 알파 센타우리(Alpha Centauri)입니다. 어두운 밤하늘에서 세 번째로 밝은 별이고 특별한 망원경 없이 육안으로 확인 가능합니다. 여러분들도 지리산이나 남해와 같은 한적한 곳에 가게 된다면 한번 찾아보기 바랍니다. 이 알파 센타우리는 사실은 두 개의 별로 이루어져 있어서 알파 센타우리 A, B로 부릅니다. 알파 센타우리는 태양계로부터 약 10^{16}미터 정도 떨어져 있습니다. 10^{16}미터라 하면 감이 잘 안 오지요? 저도 그렇습니다. 이렇게 먼 거리를 상상하기는 매우 어렵습니다. 그래서 사람들은 빛이 이동하는 데 걸리는 시간으로 거리를 표현합니다. 빛이 1초에 대략 3×10^{8}미터 혹은 지구 일곱 바퀴 반을 돌 수 있습니다. 빛이 1년 동안 갈 수 있는 거리를 광년이라고 하는데 10^{16}미터를 가려면 4년이나 걸립니다. 즉 알파 센타우리는 우리로부터 4광년 정도 떨어져 있습니다.

천문학자들은 오래전부터 태양계 밖의 별에 대한 거리의 단위

* 빛의 속력은 그 어떤 물체의 속력보다도 빨라서 1초에 30만 킬로미터 즉 300,000,000미터를 이동합니다.

로 파섹(parsec, 단위로 쓸 경우에는 pc라고 표기합니다)을 사용합니다. 이는 지구가 태양을 중심으로 원운동을 하면서 멀리 떨어져 있는 별, 지구, 태양이 만들게 되는 커다란 직각삼각형의 각도가 1각초(1각초 = 1/3600°, 약 20미터 떨어진 곳에 있는 머리카락이 만드는 각도로, 매우 작습니다)가 되는 거리입니다. 앞에서 이야기한 알파 센타우리는 약 3파섹 정도 떨어져 있습니다. 갑자기 숫자도 많이 나오고 단위도 쏟아져 나와서 정신이 좀 없습니까? 매우 근사적으로

$$10^{16}\text{미터} = 4\text{광년} = 3\text{파섹(pc)}$$

이라는 것만 기억하면 어떻겠습니까? 이 단위는 앞으로 가끔 사용할 예정이므로 잘 기억해 놓기를 바랍니다.

태양계를 비롯하여 알파 센타우리와 같은 별들은 거대한 은하를 이루며, 견우와 직녀를 갈라놓고 있는 우리 은하수에는 자그마치 1000억 개 정도의 별이 모여 있습니다. 우리 은하의 크기는 2×10^{20} 미터 정도로 알려져 있습니다. 이를 파섹의 단위로 나타내면 약 50,000파섹 정도 되고 따라서 빛이 은하를 지나가는 데 필요한 시간은 자그마치 10만 년이나 되는 셈입니다. 우리 은하는 영어로 밀키 웨이(Milky Way)라고 부르는데 이는 마치 밤하늘에 우유를 뿌려놓은 듯하다고 하여 지어진 이름으로 알려져 있습니다. 그런데 놀랍게도 불과 100년 전만 해도 사람들은 우리 은하를 우리가 살고 있는 우주의 전부로 알고 있었습니다. 1923년에 천문학자 에드윈

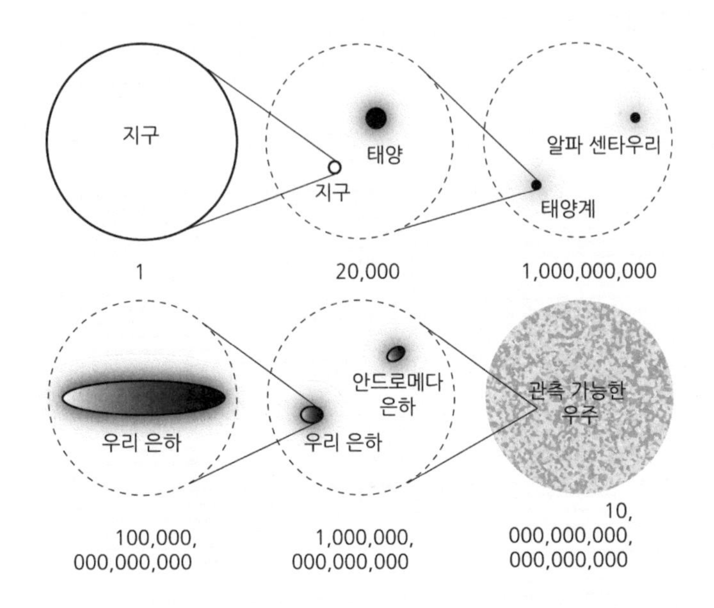

지구의 상대적 크기를 1로 가정했을 때 지구와 태양 간의 거리, 태양계와 알파 센타우리 별과의 거리, 우리 은하의 크기, 우리 은하와 안드로메다 은하 사이의 거리, 마지막으로 관측 가능한 우주의 크기를 표현한 그림입니다. 지구, 태양 등의 상대적인 크기는 정확하게 그리지 않았으며 단지 우리가 살고 있는 우주가 얼마나 넓고 넓은가를 생각하는 데 도움이 되리라는 생각에서 그렸습니다. 상대적 숫자는 〈표 1.1〉에서도 찾아볼 수 있습니다.

허블(Edwin Hubble)에 의하여 비로소 우리 은하가 아닌 안드로메다 은하를 발견하여 우주에는 우리 은하만 있는 것이 아니라는 사실을 밝혀내었습니다. 안드로메다 은하는 육안으로 볼 수 있으며 저도 어린 시절에 본 기억이 있습니다. 육안으로 보면 별인지 뿌연 먼지인지 구별하기 힘든 모양으로 관찰됩니다. 우리 은하로부터 안드로메다 은하까지의 거리는 그 사이에 우리 은하를 20개 정도 놓을 수 있는 거리인 2×10^{22}미터 또는 3,000,000파섹입니다. 이렇게 큰 숫자를 표현할 때 쓰는 방법 중 하나는 영어 알파벳을 사용하는 것입니다. 영어 대문자 M은 1,000,000 즉 100만을 나타내는 기호로 사용되어

3,000,000파섹(pc) = 3메가파섹(Mpc)

으로 쓸 수 있고 이를 읽을 때에는 "삼 메가파섹"이라고 읽습니다. 그다음 단계로서 이러한 은하들이 모여서 성단을 이루고 성단이 모여서 초은하단을 만들게 됩니다. 우리가 속한 초은하단은 처녀자리 초은하단이라 부르고 그 크기는 10^{24}미터라고 합니다. 초은하단은 우주에서 가장 큰 구조를 가지고 있으며 우리가 관측할 수 있는 우주에서 이러한 초은하단이 약 1000만 개 정도 관측되고 있습니다.

현재 관측 가능한 우주는 대략 10^{26}미터 정도의 크기를 갖고 있습니다. 그러면 1000만 개의 초은하단을 가진 우주는 그 끝이 있는

지구의 크기를 1로 가정했을 때 상대적 크기와, 큰 규모일 경우에는 메가파섹(Mpc) 단위를 사용하여 그 절대 크기를 나타낸 표입니다. 모든 숫자들은 매우 근사적 계산에 따라 표기하였습니다.

대상	상대적 크기	Mpc
지구 반경	1	
태양까지 거리	20,000	
태양계 크기	600,000	
알파 센타우리까지 거리	1,000,000,000	
은하계 크기	100,000,000,000,000	0.05
안드로메다 은하까지 거리	1,000,000,000,000,000	3
처녀자리 초은하단 크기	10,000,000,000,000,000	30
관측 가능한 우주의 크기	10,000,000,000,000,000,000	30,000

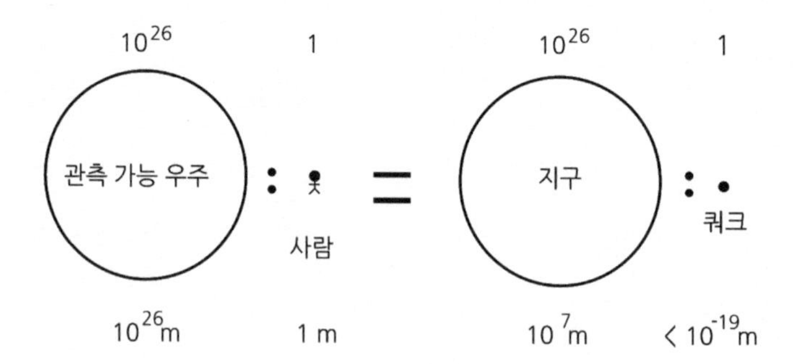

관측 가능한 우주, 사람, 지구, 쿼크의 상대적 크기 비교. 사람과 관측 가능한 우주의 상대적 크기는 약 10^{26}이고 쿼크와 지구의 상대적 크기도 대략 10^{26} 정도로 계산됩니다. 쿼크의 경우 실험적으로 측정된 크기는 상한값밖에 없어서 부등호를 표시하였습니다.

것일까요? 이 질문에 대한 답은 나중에 해 보도록 하고 지금까지의 이야기를 정리해 보겠습니다. 우리가 살고 있는 우주는 지구로부터 시작하여 태양계, 우리 은하, 성단, 초은하단을 포함하고 있습니다. 지구의 크기를 1이라고 가정했을 때의 상대적 크기를 〈표 1.1〉에서 볼 수 있고 앞서 〈그림 1.1〉에도 나타내어 보았습니다. 결론은 관측 가능한 우리 우주는 매우매우 크다는 것입니다.

이렇듯이 우리가 관측 가능한 우주는 아주아주 넓습니다. 지구보다 10^{19}배 큰 공간입니다. 독자들 중에 혹시 아직도 감이 잘 오지 않는 분들도 있는지 모르겠습니다. 한 가지 예를 더 들어 보겠습니다. 현대 소립자 물리학 이론에 의하면 물질을 이루고 있는 가장 작은 단위의 알갱이는 쿼크 입자로 알려져 있습니다. 실험적으로 그 크기는 10^{-19}미터보다 작을 것으로 알려져 있습니다.[1] 여러분들이 직접 산수를 해 보면 알겠지만 사람과 우주와의 크기 차이는 쿼크와 지구와의 크기 차이와 비슷합니다. 좀 엉터리로 설명하자면 쿼크의 우주는 지구가 되는 셈입니다. 이에 대한 간략한 설명이 〈그림 1.2〉에 나와 있습니다.

3 팽창하는 우주

우리 우주는 만들어진 이후 계속 팽창하고 있습니다. 그렇지만 인류 역사의 대부분의 시기에는 우주를 이루고 있는 별들은 하늘에 고정되어 있고 우리가 살고 있는 지구가 우주의 중심이라는 생각이 지배적이었습니다. 우리가 육안으로 볼 수 있는 별들은 "우리 은하"에 모여 있는 수많은(약 1000억 개) 별들의 일부이고 우리 은하를 벗어나면 아무것도 없는 공허한 공간과 우리 은하와 같은 은하계들이 또다시 수없이 있다는 사실 또한 100여 년 전에는 알지 못했습니다. 그리고 20세기 초에 이르러서야 우주가 팽창하고 있다는 사실이 관측으로 증명되었습니다. 이 관측에 대한 역사적 배경과 관련 기초 물리학 및 우주 팽창에 대한 수학적 기술에 대하여 이제 한번 이야기해 보겠습니다.

○● 팽창하는 우주의 발견

과학의 시작은 약 4,000년 전으로 거슬러 올라갑니다. 당시 바빌로니아 사람들은 밤하늘의 별들을 관찰하여 별자리를 구분하고 행성들의 움직임을 기록했습니다. 또한 숫자 곱셈에 대한 표를 작성하고 연산에 대한 법칙을 고안하기도 하였습니다. 하늘에 있는 별과 달의 규칙성으로부터 달의 모양을 예측했고 이로부터 달력을 고안했습니다.

이를 바탕으로 사람들은 우주의 구조를 생각하기 시작했습니다. 기원전 4세기경에는 우주의 중심에는 지구가 있고 그 주위를 태양과 행성들이 회전하고 있는 지구 중심의 우주론이 시작되었습니다. 이러한 지구 중심의 우주론이 오랫동안 받아들여지다가 중세기에 들어 독자 여러분들도 다 아시는 코페르니쿠스의 혁명이 일어나게 됩니다. 그 후로부터 태양이 우주의 중심이라는 지동설이 거론되기 시작했고 이후에 케플러와 갈릴레이 같은 과학자들의 노력에 의하여 지동설이 받아들여지게 됩니다. 이후 태양계의 운동에 대한 연구는 뉴턴에 의해 완성되었습니다.[2] 뉴턴을 떠올리면 여러분들은 어떠한 수식이 떠오르나요? 아마도

$$
\begin{aligned}
(\text{힘}) &= (\text{질량}) \times (\text{가속도}) \\
F &= ma
\end{aligned}
\tag{1.1}
$$

가 아닐까요? 위의 수식에서 m은 물체의 질량, a는 물체의 가속, F는 물체가 받는 힘의 크기를 나타냅니다. 고등학교를 다니고 있거나 전에 다녔던 독자는 위 수식의 의미를 다 알고 있으리라 생각합니다. 위의 수식은, 물체에 작용하는 힘은 물체가 더 빨리 움직이게 되는 가속을 주게 되고 그 가속은 질량이 크면 클수록 작다는 뜻입니다. 이를 반복하는 이유는 이제 미분방정식이라는 개념을 말하고자 하기 때문입니다. 벌써 머리가 아픈가요? 저는 고등학교 수학만 알고 있으면 된다고 생각합니다. 위의 수식은 수학의 입장에서 보면 미분방정식이라 부릅니다. 미분방정식은 함수의 모양을 알고 싶은데 그 모양은 주어지지 않고 구하고자 하는 함수의 방정식이 미분 형태로 되어 있어서 이를 풀어야지만 함수의 모양을 구할 수 있는 수식입니다. 쉬운 예로, 알려지지 않은 함수 $y(x)$에 대하여

$$\frac{dy}{dx} = 1$$

이라는 간단한 미분방정식을 생각해 보겠습니다. 즉 함수의 기울기가 1인 직선함수를 말하고 있습니다. 이를 모르는 독자는 없겠지요? 다만 한 가지를 추가하자면 기울기가 1인 함수는 무한대로 많이 있습니다. 원점을 지나는 직선도 있지만 그렇지 않은 직선들도 무수히 많이 있습니다. 즉, 미분방정식만으로는 알고자 하는 함수를 정확하게 결정할 수는 없다는 이야기입니다. 그러면 어떠한 정보가 더 필요하겠습니까? 예를 들어 $x=0$일 경우 y의 값이 4로 주어졌다고 생각해 보겠습니다(즉 $y(0)=4$). 이러한 경우에 있어서는 주어진 미분방정식과 위의 조건을 만족시키는 직선함수는 유일하게 결정되어 〈그림 1.3〉의 상황으로 이해됩니다. 이렇게 미분방정식의 해를 하나로 결정하는 조건을 이 책에서는 초기조건*이라고 부르겠습니다. 수식 (1.1)도 미분방정식의 한 예가 되겠습니다. 왼쪽 항에 있는 힘의 형태가 주어지면 구체적으로 물체의 위치를 시간의 함수로 풀어낼 수 있는 미분방정식입니다. 물론 유일한 해를 구하기 위해서는 초기조건이 필요할 것입니다.

이후 1900년대에 이르러 본격적인 현대 우주론 연구가 진행됩

* 여기서 이야기하는 초기조건이라는 개념은 매우 중요합니다. 이 책의 8장에서 이야기할 초기 우주 급속팽창 이론과 관계있는 중요한 개념이므로 잘 이해하고 넘어가면 좋겠습니다.

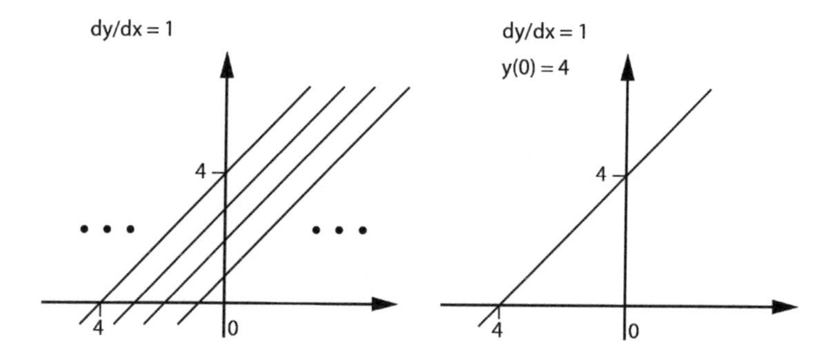

왼쪽 그림은 주어진 미분방정식 dy/dx=1을 만족시키는 직선함수는 기울기가 1이고 그러한 함수는 무수히 많이 있다는 것을 나타내어 주고 있고, 오른쪽 그림은 초기조건 $y(0)$=4가 주어진다면 무수히 많은 직선 중에서 초기조건을 만족시키는 직선 한 개만 남는다는 사실을 표시하고 있습니다.

니다. 그 시작은 세상에서 가장 잘 알려진 독일의 물리학자 아인슈타인으로부터 시작됩니다. 1905년 그는 특수 상대성이론 논문을 발표합니다.[3] 특수 상대성이론은 물체가 빛의 속력에 가깝게 움직일 경우 뉴턴의 역학이 수정되어야 한다고 예측하고 있습니다. 이 특수 상대성이론과 앞으로 언급할 일반 상대성이론은 후에 좀 더 자세하게 이야기하겠습니다. 특수 상대성이론 논문 발간으로부터 정확히 10년 후에는 뉴턴의 중력을 좀 더 일반화하는 일반 상대성이론을 다시 한번 발표합니다.[4] 아인슈타인의 큰 업적 중 하나는 이 일반 상대성이론을 기반으로 아인슈타인의 장방정식을 유도했다는 것입니다. 이 방정식은 이번 절에서 간단하게 이야기하였던 미분방정식의 한 형태로서 이 방정식을 개념적으로 표현하면

$$\text{시공간이 휘어진 정도} = \text{모든 에너지 형태} \tag{1.2}$$

로 쓸 수 있습니다. 즉, 왼쪽 항에는 시공간의 휘어진 정도가 있고 오른쪽 항에는 공간의 휘어짐을 만들어 내는 에너지 성분이 자리 잡고 있습니다. 아인슈타인은 스스로 만든 미분방정식인 장방정식을 이용하여 우주에 대한 방정식을 풀어 보려고 즉각 노력하였습니다. 아인슈타인은 어렵지 않게 방정식을 풀어내었지만 방정식의 해는 우주를 이루고 있는 은하계가 팽창 또는 수축할 것이라고 예측하여 이를 처음에는 받아들이지 못하였습니다. 그런데 여러분들이 이 시점에서 주목해야 할 사실은 이 당시에는 우주는 움

직이지 않는 고정된 우주로 간주되고 있었다는 것입니다. 당시의 망원경 기술은 우리 은하계 범위에 국한되어 있었고 그 어떤 관측도 우리 은하계가 팽창 또는 수축한다는 사실을 이야기하지 않았기 때문입니다.

아인슈타인은 이를 해결하기 위하여 1917년에 본인이 만들어낸 장방정식을 수정하게 됩니다. 이 수정항의 도입으로 아인슈타인의 장방정식에 따른 우주는 팽창 또는 수축을 하지 않는 정적인 상태 우주로 기술될 수 있게 되었습니다. 이 수정항은 우주상수로 부르게 됩니다. 물리학적으로 이 우주상수는 중력에 의하여 우주를 이루는 물체들이 서로 가까워지는 수축을 방해하는 역할을 하여 우주를 정적인 상태로 만드는 의미를 가지고 있습니다. 물리학을 잘 모르는 독자라도 우주를 정적으로 만들려면 이 우주상수의 값이 정확하게 중력에 의한 수축효과를 상쇄하여야 한다는 느낌을 갖게 될 것입니다. 즉 아인슈타인이 제안하였던 우주상수는 일종의 불안정한 해결책인 셈입니다. 다시 말씀드리면 우주상수의 값이 약간만 작아도 중력의 효과에 의해 우주는 수축을 하게 될 것이고 조금이라도 큰 값을 가지면 끝없이 팽창하게 되는 상황이라는 것입니다. 이러한 우주상수의 도입은 틀린 것으로 판명되었고 천문학자 가모(Gamow)에 의하면 아인슈타인은 이를 본인 인생의 최대 실수라고 회고했다고 합니다.[5] 하지만 정말로 그랬을까요? 놀랍게도 이 우주상수는 최근에 논란이 되고 있는 암흑에너지와 관련이 있습니다. 우연일 수도 있지만 오늘날 논란이 되고 있는 암흑에너지와 연관이 있는 우주상수를 100여 년 전에 생각했다는 점이 흥미롭고 이에 대해서는 7장에서 암흑에너지 이야기를 할 때 좀 더 자세하게 다루어 보겠습니다.

아인슈타인의 장방정식 발견 이후 1922년경에 러시아의 과학자인 알렉산더 프리드만(Alexander Friedmann)은 아인슈타인의 장방정식을 우주에 적용하면 미분방정식의 해가 여럿일 수 있음을 증명합니다.[6] 프리드만은 우주가 고정되어 있을 것이라는 가정을 하지 않고 일반 상대성이론의 장방정식을 풀어내었고, 이에 따르면 세 가지의 다른 해가 존재합니다. 첫 번째로는 닫힌 우주의 경우입니다. 과거의 우주가 어떠한 이유에서 팽창을 하였다 하더라도 우주의 밀도가 충분히 크다면 중력의 효과에 의하여 우주는 다시 수축을 하게 되어 결국 크기가 매우 작아지는 상황에 이르고, 이는 〈그림 1.4〉의 닫힌 우주로 나타나게 됩니다. 여기서 닫힌 우주라는 말의 의미는 공간적으로도 유한한 크기이고 시간적으로도 우주의 생명이 유한하다는 의미로 해석됩니다. 프리드만의 두 번째 우주는 우주의 밀도가 충분하지 않아서 중력이 매우 약하게 되어 우주가 끊임없이 팽창을 하게 되는 경우에 해당됩니다. 이 또한 〈그림 1.4〉의 열린 우주의 곡선으로 나타낼 수 있습니다. 이 경우 두 은하계의 거리는 무한대로 멀어지지만 팽창속도는 특정한 값에 수렴하게 됩니다. 한 가지 주의할 점은 프리드만의 우주는 일반 상대성이론의 장방정식을 기반으로 하고 있기 때문에 여기서

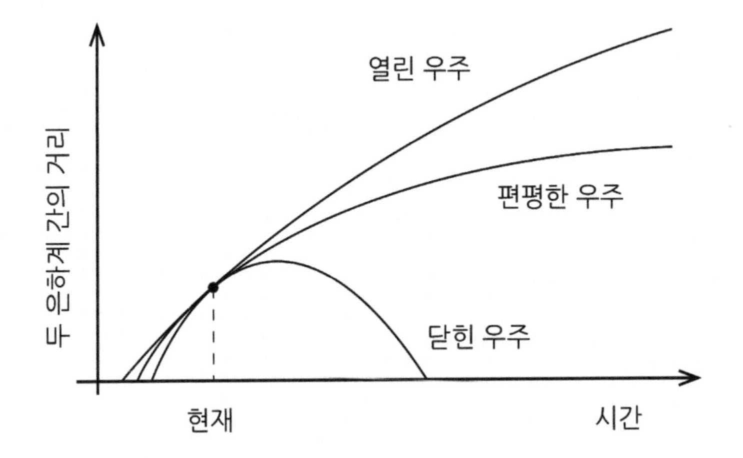

프리드만이 계산한 우주들의 크기와 시간의 관계에 대한 그림. 우주상수가 없는 경우에 프리드만이 계산한 우주는 세 가지의 종류로 구별할 수 있습니다. 우주가 팽창할 경우에 밀도가 충분히 크다면 팽창은 더 이상 지속되지 못하고 다시 수축을 하게 되고(닫힌 우주), 밀도가 충분하지 않으면 팽창은 계속 일어나게 됩니다(열린 우주). 이 중간 상황으로 밀도가 두 경우의 중간값을 가지게 된다면 우주는 편평하다고 부릅니다(편평한 우주). 이러한 세 가지의 다른 상황이 서로 다른 세 가지의 곡선들로 나타나 있습니다.

열린 우주라는 것은 편평한 유클리드 공간*에서 무한대로 확장하는 개념은 아니고 휘어진 공간에서의 팽창으로 이해되어야 할 것입니다. 이 이야기는 매우 중요한 개념으로, 이번 장 끝에서 다시 한번 말씀드리겠습니다. 마지막 경우는 위 두 경우의 중간 단계로서 우주의 밀도가 특정한 임곗값을 가질 경우입니다. 이 상황은 〈그림 1.4〉의 편평한 우주의 곡선으로 나타낼 수 있고, 이 경우 팽창속도는 0으로 점점 줄어들게 됩니다. 이렇게 다른 세 우주에 대한 기하 구조는 어떻게 이해할 수 있을까요? 만일 우리 우주가 이차원 곡면이고 이를 삼차원 유클리드 공간에 나타내는 경우를 생각하면 닫힌 우주, 열린 우주, 편평한 우주는 각각 〈그림 1.5〉에 나타난 기하 구조에 해당되는 것으로 이해할 수 있습니다. 다만 실제로 우리는 휘어진 삼차원 공간에 살고 있고 사차원 유클리드 공간에서 우리 우주를 제3자 입장에서 보기는 어렵기 때문에 직접 비교는 어려울지도 모릅니다. 그렇지만 삼차원 공간에서 우리 우주의 기하 구조를 스스로 알아보기는 얼마든지 가능합니다. 즉, 삼차원 공간에서 커다란 삼각형 각도의 총합이 180°보다 크면 닫힌 기하, 그렇지 않고 작다면 열린 기하 구조를 지니게 됨을 알 수 있습니다. 다만 현재까지의 측정에 의하면 우리 우주는 0.5%의 정확도

* 유클리드 삼차원 공간은 모든 방향이 같은 성질을 가지고 있어서 삼각형 내각의 합이 항상 180°가 되는 공간을 의미합니다. 우리의 일상생활은 유클리드 공간으로 볼 수 있으며 때때로 편평한 공간이라고 부르기도 합니다.

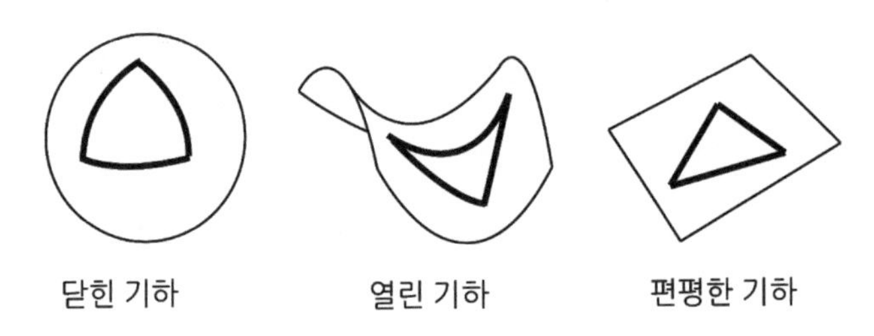

그림 1.5

세 가지의 프리드만 우주들에 대한 기하 구조. 만일 우리 우주가 이차원 곡면이고 이를 삼차원 유클리드 공간에 나타내는 경우를 생각하면 닫힌 우주, 열린 우주, 편평한 우주는 그림에 나타난 기하 구조에 해당되는 것으로 이해할 수 있습니다.

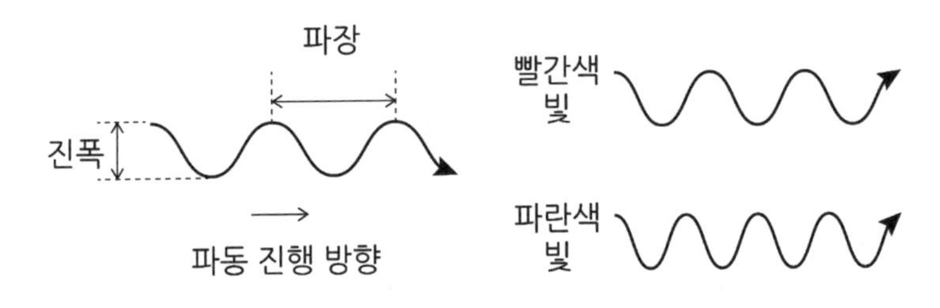

그림 1.6

파동에 대한 파장과 진폭에 대한 설명. 파장은 파동의 진폭이 반복되는 최소 거리를 뜻하며 전자기 파동의 일부인 가시광선은 빨간색 쪽 파장이 더 길고 상대적으로 파란색 쪽 파장은 더 짧다는 사실을 설명하고 있습니다.

수준에서 편평한 기하 구조를 갖는 것으로 알려져 있습니다.[7]

프리드만의 논문을 처음 접한 아인슈타인은 계산이 잘못된 것이라 확신하여 즉시 계산 결과를 반박하는 짧은 의견을 프리드만의 논문이 실린 잡지에 투고하였습니다.[8] 하지만 아인슈타인의 생각은 틀렸고 8개월 후에 본인의 실수를 인정하고 같은 잡지에 "프리드만의 계산 결과는 모두 옳다"고 인정하였습니다.[*][9] 놀랍지 않은가요? 당시 프리드만은 학계에 전혀 알려지지 않았음에도 불구하고 벌써 유명했던 아인슈타인이 본인의 실수를 인정하고 이에 대한 논문까지 투고했다는 사실은 오늘날 저를 포함한 우리 모두가 곱씹어 볼 내용이라고 생각합니다.

○● 적색편이와 허블

우리가 눈으로 볼 수 있는 빛, 가시광선은 전자기 파동의 한 형태입니다. 파동은 순간 그 밀도가 높은 곳과 낮은 곳이 반복되는 특징을 가지고 있고 이러한 구조가 시간이 지남에 따라 일정한 속력으로 진행하는 현상을 의미합니다. 파동의 크기를 진폭이라고

* 아인슈타인은 본인의 실수를 인정하기는 했으나 프리드만의 계산 결과는 단지 수학적 풀이에 불과할 뿐이고 실제의 우주는 정적인 상태 우주로 생각한 것으로 알려져 있습니다. 아인슈타인이 본인의 실수를 인정하고 투고하려고 했던 문안의 초본에는 "물리학적으로는 절대로 기술되기 어려운 …"이라는 문장이 씌었다가 지워졌다고 알려져 있습니다. 아마도 그러한 문장을 논문에 넣기에는 논리적 근거가 없다고 판단했기 때문이라고 생각됩니다.[10]

하고 파동이 공간에서 반복되는 최소 길이를 파장이라고 하는데 이에 대한 설명이 〈그림 1.6〉에 나타나 있습니다. 또한 파란색 가시광선은 빨간색 가시광선보다 상대적으로 파장이 좀 더 짧은 것이 전자기 파동의 특징입니다.

이제 이를 바탕으로 은하계로부터 우리에게 오는 가시광선의 특징에 대하여 설명하겠습니다. 당연한 이야기지만 먼 은하계로부터 오는 빛들은 은하를 이루고 있는 별을 비롯한 다양한 천문학적 대상으로부터 발생합니다. 발생한 빛의 파장은 일반적으로 연속적인 분포를 갖고 있지만 이 빛이 특정 원소를 지남에 따라 원소의 고유한 성질에 의해 특정 값의 파장은 흡수됩니다. 이 특정 파장의 빛이 흡수되면 우리에게 그 특정 파장의 빛은 상대적으로 크기가 작거나 없게 되는 흡수선을 만들게 됩니다. 이 흡수선의 위치는 원소에 따라 달라지기 때문에 흡수선의 분포를 측정하면 어떠한 원소들이 빛 주위에 있는지도 유추할 수 있습니다. 만일 우주가 팽창한다면* 먼 거리에 있는 은하계에서 오는 가시광선의 흡수선 파장 또한 길어지게 되어 흡수선이 상대적으로 빨간색 쪽으로 움직이는 효과를 줄 것이고 이러한 이유로 인하여 이 효과를 적색편이라고도 부릅니다.**

* 아인슈타인의 일반 상대성이론에 의하면 프리드만이 예측한 바와 같이 이러한 가능성이 내포되어 있습니다.

** 이를 엄밀하게 말하면 우주론적 도플러 효과라고 합니다. 이는 우주 공간이 팽창하여 생기는 효과로 이해되어야 합니다.

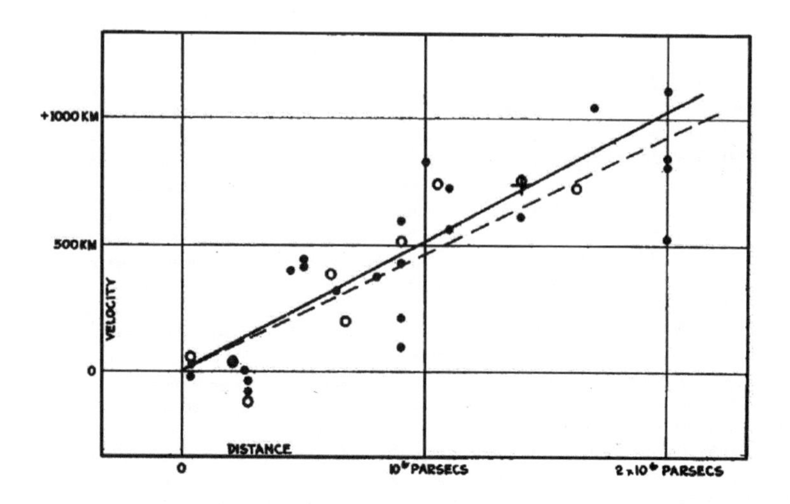

허블이 발간한 논문에 있는 원본 그림. 수평축은 은하계들의 거리를 파섹의 단위로 표시하고, 수직축은 은하계들이 멀어지는 속력을 초당 킬로미터의 단위로 표시한 것입니다. 검은 점들은 각각의 은하계를 나타내며, 직선은 검은 점들의 경향을 가장 잘 나타낸 선입니다. 가운데가 흰색인 원들은 유사한 방향과 거리에 있는 은하계들의 그룹이고 점선은 원들의 경향을 가장 잘 나타낸 선입니다. 마지막으로 십자가는 개개의 거리를 알 수 없었던 22개의 은하계들에 대한 통계 분석에 따른 점을 표시합니다.[11]

아인슈타인이 굳게 믿었던 정적인 상태 우주론은 1929년 에드윈 허블이 윌슨산의 천문대에서 발견한 사실에 의하여 사실이 아닌 것으로 판명됩니다. 당시 허블은 우리 은하 밖에 멀리 떨어져 있는 은하계의 운동을 관찰하였습니다. 허블은 먼 거리에 있는 은하계의 속력과 거리와의 관계에 대하여 연구하였는데 그가 발견한 사실은 놀랍게도 대부분의 은하계는 태양계로부터 멀어지고 있을 뿐 아니라 더 먼 거리에 있는 은하계는 더 빠르게 태양계로부터 멀어진다는 것이었습니다.[11]

1929년 허블이 발표한 이 놀라운 사실은 〈그림 1.7〉에 나타나 있습니다. 관측 가능한 은하계들에 대하여 수평축이 거리를, 수직축이 태양계로부터의 멀어지는 속력을 나타내는 그림을 "허블 그래프"라고 부릅니다.

〈그림 1.7〉은 바로 허블 자신이 인류 역사상 최초로 그렸던 허블 그래프인 셈입니다. 그 물리학적 의미는 멀리 있는 은하계일수록 더 빨리 우리로부터 멀어진다는 것입니다. 독자 여러분, 수식을 싫어하시겠지만 이를 수식으로 나타내면 어떻게 될까요? 속력을 v, 거리를 r, 기울기를 H_0라고 한다면

$$v = H_0 r \tag{1.3}$$

로 나타낼 수 있다는 것을 쉽게 이해할 수 있을 것입니다. 허블 상수라고 부르는 이 기울기 H_0는 허블을 기념하기 위한 것이고 아래

첨자 0은 오늘날의 값을 의미합니다.* 이 발견으로 인하여 아인슈타인의 정적인 상태 우주론은 역사 속으로 사라지게 됩니다. 최신 관측에 의하면 이 허블 상수의 값은 대략

$$H_0 = 70 \pm 1 \text{ 킬로미터/초/메가파섹} \ (= 70 \pm 1 \text{ km/s/Mpc})$$

으로 현재 측정되고 있습니다. 허블 상수가 이렇게 이상한 단위로 표현되는 이유는 천체물리학의 역사와 관계가 있습니다. $v = H_0 r$로부터 허블 상수는 특정한 거리에 위치한 은하계가 있으면 이 은하계가 멀어지는 속력을 계산하는 데 필요한 숫자로 생각할 수 있습니다. 따라서 "70킬로미터/초/메가파섹"의 의미는 1메가파섹만큼 멀리 있는 은하계는 1초에 70킬로미터를 이동하는 속력으로 우리로부터 멀어지고 있다는 의미입니다. 오늘날 비행기의 속력이 소리의 속력인 340미터/초에서 크게 벗어나지 못한다는 사실과 비교해 볼 때 1메가파섹 거리에 있는 은하의 속력은 엄청나게 빠른 값으로 이해됩니다.

---

* 천문학에서는 허블 상수를 $H_0 = h \times (100\text{km/s}^{-1}/\text{Mpc}^{-1})$로 표현하고 단위가 없는 물리량 h를 언급합니다. 본문에 제시될 허블 상수의 값에 따르면 $h = 0.7$이 되는 셈입니다. 또한 허블 상수는 엄밀히 말하면 정확한 표현은 아닙니다. 아인슈타인의 일반 상대성 이론에 의하면 우주가 팽창함에 따라 허블 상수의 값은 달라지게 됩니다. 따라서 허블 변수 또는 허블 매개변수가 좀 더 정확한 표현이고 수학적으로는 $H(t)$로 표현하여 시간의 함수라는 사실을 나타내는 것이 더 맞습니다.

우주가 팽창하고 있다는 사실을 뒤집어 생각해 보면 과거 우리 우주는 질량 밀도가 지금보다 높았을 것이라고 쉽게 추측할 수 있고, 〈그림 1.4〉와 같이 어떠한 시작점이 있었으리라 생각할 수 있습니다. 이 시작점을 원시 대폭발이라고 부르고 〈그림 1.4〉에 따르면 우리 우주의 나이는 기하 구조에 따라 조금씩 달라지게 된다는 것도 알 수 있습니다. 이 대폭발은 어떠한 물리학으로 설명할 수 있는지, 그리고 그 당시 상상하기 어려울 정도로 높은 밀도로 이루어진 우리 우주를 기술하는 올바른 물리법칙은 무엇인지를 이야기하는 것이 이 책의 주요 내용입니다. 독자 여러분들도 이러한 관점을 잘 이해하고 앞으로의 내용을 읽어 주기 바랍니다.

○● 우주 팽창을 기술하는 산수

제가 이번 절에 "우주 팽창을 기술하는 산수"라는 표현을 사용하였습니다. 특히 산수라는 표현을 쓴 이유는 많은 독자 여러분들이 수식이 나오면 일단 머리가 아프다는 것을 잘 알고 있기 때문입니다. 독자 여러분, 앞으로 사용할 수식은 절대로 복잡한 내용이 아닙니다. 중학교 수준의 산수를 알고 있으면 쉽게 따라올 수 있는 내용이 소개됩니다. 그야말로 "산수" 수준이므로 차분하게 읽어 주기 바랍니다.

우주의 팽창을 어떻게 기술해야 하는지의 문제는 의외로 간단합니다. 관측에 의하면 우리 우주는 크게 보면 특정한 방향성이 없고 또한 거리에 관계없이 균일한 것으로 관측되고 있습니다. 여기서 크게 본다는 의미는 태양계, 우리 은하의 크기가 아니라 훨씬 더 먼 거리에서 보면 관측 가능한 전체 우주 공간에서 은하계들의 분포가 균일하고 등방적이라는 사실이고, 이러한 관측적 결과를 원칙으로 받아들여 우주를 구성하는 모든 물체는 관측 가능한 우주 전체 크기로 보았을 때 균일하고 등방적으로 분포하고 있다는 "우주론적 원칙"을 세울 수 있습니다. 즉 우주론적 원칙은 우주의 모든 지점이 동등하게 취급되어야 함을 내포하고 있습니다. 이를 바탕으로 다음과 같은 논의를 진행하겠습니다. 우주 진화의 어느 순간에 있는 두 개의 은하계를 생각합니다. 이 두 은하계는 거리 $r(t)$ 만큼 떨어져 있다고 가정합니다. 여기서 괄호 안의 t는 거리 r이 시간에 따라 변화할 수 있음을 나타냅니다. 예를 들어 1메가파섹만큼 떨어져 있다고 가정하겠습니다. 이제 우주가 팽창하여 1,000년 후에 두 은하계의 거리는 1.1메가파섹으로 늘어나게 됩니다.* 이러한 상황을 좀 더 일반적으로 기술해 보도록 하겠습니다. 특정 시간 t에 우주의 두 지점 간의 거리는 $r(t)$라고 하고 그로부터 시간이 조금 흐른 이후(Δt라고 부르겠습니다) 새로운 거리를 $r(t+\Delta t)$라고 표현하겠습니다. 우주가 팽창한다는 의미는 $r(t+\Delta t) > r(t)$라는 뜻입니다. 이제 이 거리 $r(t)$를 두 가지의 항으로 나누려고 합니다. 첫 번째 항은 시간이 흘러도 변하지 않는 길이 부분 $r_{상수}$, 두 번째 항은

* 이는 허블 상수가 당시에 약 100km/s/Mpc라고 가정하면 얻어지는 근사적인 값입니다. 제 계산이 대략 맞습니까?

거리 $r(t) = a(t)r_{\text{상수}}$ ⇨ $r(t+\Delta t) = a(t+\Delta t)r_{\text{상수}}$

시간 t $t+\Delta t$

일차원 우주가 시간이 흐름에 따라 팽창하는 모습. 검은 원과 정사각형은 두 개의 다른 은하계를 나타내고 시간이 t일 때 두 은하계의 거리는 $r(t) = a(t)r_{\text{상수}}$, 그리고 시간이 $t + \Delta t$일 때에는 우주가 팽창하여 두 은하계의 거리는 $r(t + \Delta t) = a(t + \Delta t) \cdot r_{\text{상수}}$로 증가하는 모습을 나타냅니다. 따라서 우주 팽창의 역사는 모두 함수 $a(t)$에 담겨 있는 셈입니다.

시간의 함수인 $a(t)$로 표현하고자 합니다. 즉

$$(\text{물리적 거리}) = (\text{눈금계수}) \times (\text{고정된 거리})$$

$$r(t) = a(t) \cdot r_{\text{상수}} \tag{1.4}$$

로 표현하고자 합니다. 여기서 $r_{\text{상수}}$는 정하기 나름인데 예를 들어 $r_{\text{상수}} = 1$메가파섹으로 정할 수도 있습니다. 이에 대한 일차원 우주 팽창 모습이 〈그림 1.8〉에 설명되어 있습니다. 이렇게 하면 시간의 함수인 $a(t)$는 차원이 없는 물리량이 되고 이 함수를 눈금계수라고 부르겠습니다. 우리가 우주론을 공부한다는 이야기의 대부분은 과연 이 눈금계수 $a(t)$가 우주의 전 역사에 걸쳐서 어떻게 변화했을까를 생각해 보는 것입니다. 이 눈금계수에 대한 이야기는 후에 좀 더 자세하게 다루기로 하고 여기서는 이 눈금계수와 허블변수가 어떠한 관계에 있는지 알아보기로 하겠습니다.

이왕 산수를 이야기했으니 좀 더 나아가 이제 수식 (1.4)를 시간 t에 대하여 미분해 보겠습니다. 미분을 하면

$$\frac{dr(t)}{dt} = \frac{da(t)}{dt} r_{\text{상수}}$$

가 성립하고 왼쪽 항인 $dr(t)/dt$는 거리에 대한 시간 미분이므로 은하계가 멀어지는 속력 $v(t)$로 생각할 수 있어서 $v = (da/dt)r_{\text{상수}}$가 됩니다. 이를 수식 (1.4)로 나누어 주면

$$\frac{v}{r} = \frac{da/dt}{a}$$

가 성립하는데 이를 수식 (1.3)과 비교하면 허블 변수는

$$H(t) = \frac{da/dt}{a}$$

가 됨을 쉽게 알 수 있습니다.* 즉 허블 변수는 눈금계수의 상대적 시간 변화로 해석할 수 있는 셈입니다. 첫 장부터 미분 기호를 도입해서 독자들에게 미안한 마음이 많지만 이 책을 읽는 우리 독자분들은 이 정도의 산수는 거뜬히 해낼 수 있겠지요? 이렇게까지 한 이유는 우주 팽창을 이해하는 데 매우 중요한 허블 변수가 눈금계수와 밀접한 연관이 있다는 사실을 정량적으로 이해하는 데 도움을 주기 위함입니다. 혹시 위의 산수가 어려운 독자들은 결론으로 '허블 변수는 눈금계수의 상대적 시간 변화로 해석할 수가 있다'는 사실만 기억하면 될 것입니다.

○● 우주의 팽창은 어떻게 이해해야 하는가?

지금까지 우리가 살고 있는 우주는 팽창하고 있다고 이야기했습

* 수식 (1.4)로 나누어 줄 때 허블 변수임을 나타내 주기 위해서 H_0에서 아래 첨자 0을 제거했음을 알려드립니다.

니다. 그러면 이러한 우주의 팽창을 어떻게 이해해야 하는지에 대하여 논의해 보겠습니다. 우주가 팽창한다면 우리의 몸을 이루고 있는 분자들 간의 거리도 같이 팽창하는 것일까요? 지구와 태양 간의 거리도 팽창하는 것일까요? 우주의 팽창이 그런 것을 의미하지는 않습니다. 분자 간의 거리 및 지구와 태양 간의 거리는 양자역학, 전자기력, 중력에 의하여 묶여 있기 때문에 상대적 거리는 고정되어 있습니다. 마찬가지로 은하수가 흐르는 우리 은하도 그 자체가 팽창하거나 수축한다는 관측적 증거는 전혀 없습니다. **우주 팽창의 근거는 허블의 관측에 근거하며 은하들 간의 거리가 멀어진다는 사실만을 의미합니다.**

그렇다면 이러한 은하들의 팽창을 어떻게 이해해야 할까요? 독자 여러분들 중 혹시 다음과 같이 생각하는 분들이 있을지 모르겠습니다. 뉴턴 역학이 성립되는 삼차원 유클리드 공간이 무한하게 펼쳐져 있고 이 무한한 공간 어느 한 점으로부터 소위 말하는 대폭발이 일어나서 은하들이 서로 멀어지는 것이 우주의 팽창이라고 말입니다. 만일 그렇다면 이는 우주의 모든 지점이 동등하게 취급되어야 한다는 우주론적 원칙에 일단 위배됩니다. 우주론적 원칙을 무시한다고 하더라도 위와 같은 대폭발이 있었다면 그것이 현재 관측되고 있는 우주의 등방성 및 균일성을 설명하기는 어렵습니다. 이를 위해서는 우리 은하계가 바로 원시 대폭발의 중심이라는 전제가 성립해야 하는데 이는 우주론적 원칙의 입장에서도 받아들이기 좀 어렵고 또한 우리 은하계가 왜 특별한 위치에 있는가에 대한 답도 얻기 어렵다고 생각됩니다. 여러분들은 어떻게 생각합니까?

현대의 우주론은 아인슈타인의 일반 상대성이론, 특히 장방정식에 의존하고 있습니다. 이 장방정식은 수식 (1.2)에 개념적으로 나타냈듯이 시공간의 휘어진 정도와 우주를 이루고 있는 모든 대상의 에너지 밀도를 연결시켜 주고 있는 미분방정식입니다. 왼쪽 항에 시간과 공간이 포함되어 있고 따라서 우주 초기 눈금계수가 미치지 않는 영역에서는 시공간을 정의하기가 어렵습니다. 즉, 원시 대폭발이 시공간을 만들어 내고 우주가 팽창함에 따라 시공간이 펼쳐져 나갔다는 개념을 일반 상대성이론에서 제시하고 있는 셈입니다. 어렵습니까?

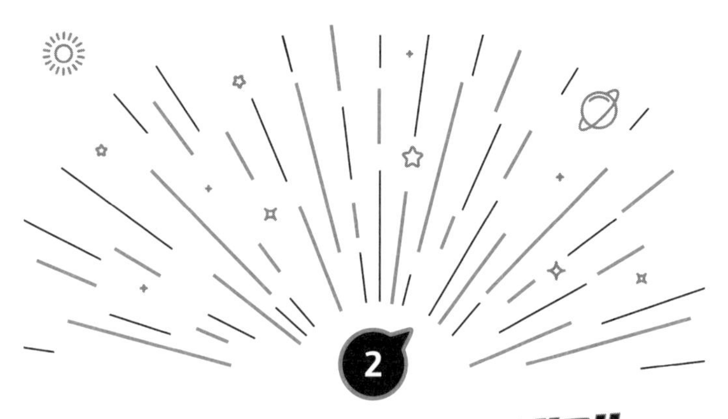

양자역학의 신세계
—요동치는 전자

3장에서 이야기하겠지만 특수 및 일반 상대성이론은 아인슈타인 혼자서 완성을 했다고 해도 별로 틀린 말은 아닙니다. 그렇지만 이번 장에서 소개하는 양자역학은 많은 물리학자들이 수십 년간의 연구 끝에 완성한, 소위 집단지성의 노력에 의해 완성된 학문 분야라고 할 수 있습니다. 왜 그렇게 오래 걸렸을까요? 양자역학이라는 학문이 기존의 물리학과는 전혀 다른 구조를 가지고 있을 뿐 아니라 기존의 물리학적 상식으로는 이해하기 매우 어렵기 때문입니다. 이번 장에서는 이렇게 어려운 양자역학 내용 중 이 책의 핵심 내용인 초기 우주의 물리학적 상황을 이야기하기 위해서 필요한 내용만 골라 쉽게 설명해 보도록 하겠습니다. 다행스럽게도 양자역학에 대한 일반 서적은 이미 많이 있기 때문에 독자 여러분들께서 다양한 방법으로 쉽게 접할 수 있으리라 생각됩니다.

1 빛에 대한 이야기

여러분, 흑체복사라는 말을 들어 본 적이 있습니까? 흑체는 물체에 들어오는 모든 빛을 흡수하는 이상적인 물체입니다. 입사하는 모든 빛을 흡수하면 검게 보인다는 뜻으로 흑체라고 부릅니다. 근사적으로 커다란 상자에 아주 작은 구멍이 있으면 그 구멍으로 들어가는 빛은 다시 반사되어 나올 가능성이 거의 없기 때문에 흑체라는 물체의 예로서 자주 등장합니다.

한편 모든 물체는 뜨거워지면 빛을 포함한 다양한 파장의 전자기파를 방출한다는 사실이 1850년경부터 알려져 왔습니다.* 상온에서는 방출 파장의 대부분이 적외선이라서 인간의 눈에는 잘 안 보이지만, 물체가 약 500℃ 정도 되면 눈에 보이게 됩니다. 불이 활활 잘 타면 우리 눈에 잘 보이죠? 태양의 온도는 대략 6,000℃ 정도로 노란색 계통의 전자기파가 제일 많이 나온다고 합니다. 그리고 한참 후에 이야기하겠지만 우주 초기 대폭발로부터 약 40만 년

* 1장에서 이야기한 것처럼 빛은 수백 나노미터의 파장을 가지는 전자기파로서 빛보다 파장이 짧은 전자기파로는 자외선, 엑스선이 있고 더 긴 전자기파로는 라디오파와 마이크로웨이브 오븐에서 만들어지는 마이크로파 등이 있습니다.

후인 초기 우주에도 흑체복사가 있었음을 잘 기억하기 바랍니다.

이러한 흑체복사는 당시 과학자들 간 초미의 관심사로 여겨졌는데 그 이유는 실험적으로 측정되는 흑체복사의 파장별 분포와 이론적 예측이 맞지 않았기 때문입니다. 이 문제는 오랜 기간 동안 물리학자들을 괴롭혀 왔는데 결국 1900년도에 독일의 물리학자 막스 플랑크(Max Planck)에 의하여 해결됩니다. 플랑크는 빛의 에너지는 빛의 진동수에 비례한다고 가정한 후 이를 이용하여 흑체복사 분포를 설명해 냈습니다. 플랑크가 제시한 '빛의 에너지(E)는 빛의 진동수(f)에 비례한다'는 사실은

$$(\text{에너지}) = (\text{플랑크 상수}) \times (\text{진동수})$$

$$E = hf$$

로 간단하게 나타낼 수 있고 여기서 기호 h는 진동수와 에너지를 연결시켜 주는 일종의 변환상수로 생각할 수 있습니다. 흥미롭게도 플랑크 자신은 오늘날 플랑크 상수라고 부르는 h가 얼마나 중요한 의미를 가지고 있는지를 당시에는 알지 못했다고 알려져 있습니다.

이후 놀랍게도 1905년에 아인슈타인은 광전효과*라는 실험을

* 광전효과 실험은 빛을 금속판에 입사시키면 표면에서 전자가 튀어나오는 현상을 보인 실험으로 다양한 실험 결과들은 빛이 입자라는 사실을 뒷받침하고 있습니다.

설명하기 위하여 빛은 입자로 해석되어야 한다는 논문을 발표합니다. 이는 빛이 파동이라는 기존의 개념을 완전히 뒤집는 논문으로 아인슈타인이 얼마나 기존 개념에 사로잡히지 않고 정확한 논리적 전개를 통하여 올바른 물리법칙을 만들어 내는지에 대한 또 하나의 예가 될 것입니다. 아인슈타인의 발견에 따르면 빛은 알갱이로 되어 있어서 플랑크가 가정했던 수식 (2.1)은 빛알갱이* 한 개의 에너지에 해당된다는 것이 정확한 해석이 되겠습니다. 즉, 앞에서 언급한 플랑크 상수(h)는 빛알갱이 한 개의 에너지를 결정하는 매우 중요한 상수로 이해되고 있습니다.

다시 흑체복사 이야기로 돌아와서 플랑크가 계산한 흑체복사에서 나오는 빛의 세기에 대한 수식은

$$\text{빛의 세기}(f, T) \propto \frac{f^3}{\exp(hf/kT)-1} \tag{2.1}$$

과 같이 표현할 수 있습니다. 얼핏 보면 복잡해 보이지만 흑체복사에서 방출되는 빛은 진동수(f)와 온도(T)만의 함수라는 의미입니다.** 이 수식을 좀 더 이해하기 위해서 〈그림 2.1〉을 보면 실제 태

* 빛이 입자라는 의미를 정확하게 전달하기 위하여 이제부터 빛알갱이라는 표현을 쓰겠습니다. 이 표현은 제가 번역한 책 『핵 및 입자물리학』[12]에서부터 사용하고 있는데, 저희 학과 다른 교수들은 좀 유치하다고 합니다. 그래도 입자성을 강조하기 위하여 빛알갱이라고 쓰겠습니다.

** 이 수식에서 k는 볼츠만 상수라고 부르고 온도를 에너지로 변환시

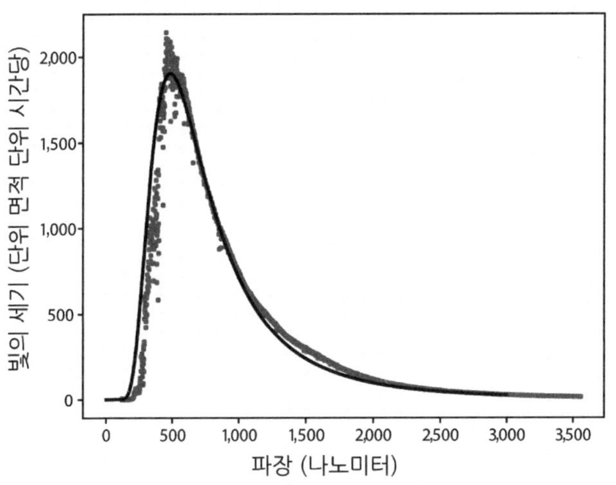

그림 2.1

흑체복사로 근사 가능한 태양에서 방출되는 빛의 세기를 파장의 함수로 나타낸 그림. 회색의 점들은 실제 측정값이고[13] 검은 곡선은 본문에서 언급하는 이론적 예측에 해당됩니다.

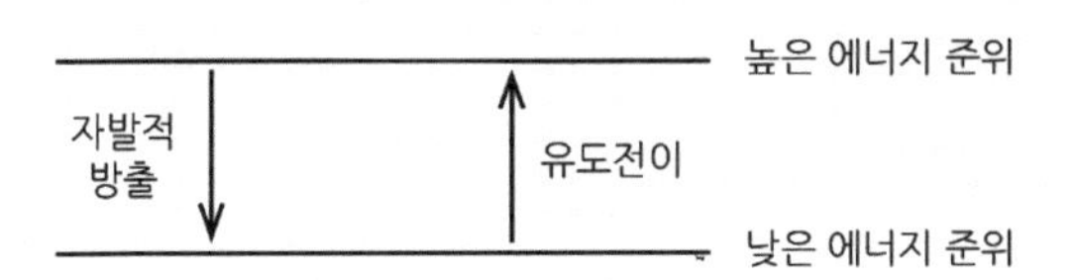

원자 내부의 전자들이 에너지 준위에 따라 에너지를 잃고 자발적으로 빛알갱이를 방출하거나 외부에서 빛알갱이를 흡수하여 더 높은 에너지 준위로 이동하는 개념을 설명한 그림입니다.

양에서 나오는 빛의 세기를 파장의 함수로 측정한 데이터와 앞으로 이야기할 이론적 예측이 비교되어 있습니다. 낮은 파장 영역에서는 조금 불일치하지만 전반적으로 이론적 예측은 실험 측정값을 잘 따르고 있어서 태양에서의 빛 방출은 흑체복사로 여겨도 무방함을 알 수 있습니다.

놀랍지 않습니까? 물체가 뜨거워졌을 때 (정확하게 이야기하면 유한한 온도에 있을 때) 그 물체에서 나오는 전자기파의 파장에 따른 세기의 분포가 물체가 어떤 물질로 되어 있는지와는 관계없이 오로지 온도의 함수만으로 표현될 수 있다는 사실은 적어도 저 같은 물리학자에게는 가슴을 뛰게 하는 매우 흥미로운 사실입니다. 얼핏 생각해 보면 별로 직관적이지도 않습니다.

플랑크가 계산한 빛의 세기에 대한 수식 (2.1)은 다음과 같은 과정을 통해서 얻어졌습니다. 물체에서 빛이 방출되는 현상은 원자 내부의 전자들이 높은 에너지 상태에서 낮은 에너지 상태로 이동하는 데에 기인합니다. 이에 대한 상황이 〈그림 2.2〉에 설명되어 있습니다. 물질을 구성하고 있는 다양한 원자들에는 전자들이 있고 이 전자들은 서로 다른 에너지 준위에 있습니다. 에너지가 가장 낮은 상태인 바닥 상태에 있는 전자가 아니라면 스스로 빛알갱이를 방출하여 좀 더 낮은 에너지 상태로 이동하는 자발적 방출을 하거나 반대로 외부의 빛알갱이를 흡수하여 더 높은 에너지 준위로

킬 때 사용되는 상수로 생각하면 되겠습니다.

자수정 건강 사우나의 효능

우리의 보물 한국산 자수정(紫水晶)은 흙과 모래에서 생산되는 외국(수입)자수정과는 전혀 다른 황토(진흙) 암벽 천궁에서 천만년 열수에 결정된 신비의 보석이며 우주 프리 에너지 기(氣) Power가 보석 중 최고입니다. 또한 육각 분자 구조가 완전하여 1초간 수백(32.786KHZ)에 해당하는 규칙적인 진동 발진으로 우리 인체 대사작용에 크게 기여할 뿐 아니라 한국과 일본 생명과학연구소 분석 결과 우리 인체에 가장 유익한 원적외선(8~11㎛)을 90%이상 다량 방출하고 있으며 마이너스 이온 방출은 물론이며 최근 발견된 육방정계 자수정에서만 파동하는 D6에너지는 현대과학으로도 증명할 수 없는 신비의 에너지입니다.

◆ 자수정의 건강효과

심장강화, 위장병, 신경통, 기관지염, 관절염, 피부피용, 탕내물의 정화, 체내 노폐물 배출, 스트레스해소,성인병 예방 및 마음의 안정 등에 큰 효과가 있습니다.

그림 2.3

동네 목욕탕 사우나실에 걸려 있는 문구. 우선 눈에 띄는 말들은 "수백(32.786KHZ)에 해당하는 규칙적인 진동 발진 …"과 "원적외선(8~11㎛)을 90% 이상 다량 방출"입니다.

이동할 수 있습니다. 이러한 기본적인 사실과 이에 대한 간단한 통계 분석을 통하여 방출되는 빛의 파장 분포가 수식 (2.1)과 같이 된다는 것은 대학 수준의 수학을 써서 간단하게 유도할 수 있습니다. 다만 일반 독자를 위하여 제가 여기서 유도하지는 않을 것이고 그 수학적 아름다움을 못 보여드리게 되어 매우 안타깝습니다. 그렇지만 호기심 많은 독자분들 중 이를 알고 싶은 많은 분들은 고려대학교 물리학과에 진학하시기를 강추합니다!

○● 목욕탕과 흑체복사

저는 보통 주말이면 제 아이들 셋과 동네 목욕탕에 자주 갑니다. 왜 갑자기 목욕탕 이야기를 하는지 궁금할 것입니다. 2017년 6월에 제가 찍은 사진이 〈그림 2.3〉에 있습니다. 이 사진에서 저의 눈길을 끌었던 문구는 "수백(32.786KHZ)에 해당하는 규칙적인 진동 발진…"과 "원적외선(8~11㎛)을 90% 이상 다량 방출"* 이었습니다. 우선 32.786kHz는 초당 약 3만 2000번 진동한다는 이야기인데 "수백에 해당하는"이라는 말을 왜 하고 있는지 의문스러웠습니다. 좀 전에 논의한 흑체복사와 관련하여 원적외선이 방출된다는 이야기 또한 이상하게 들려서 좀 생각해 보았습니다. 사우나실의 온도는

* 우선 올바른 표현은 32.786kHz입니다. 여기서 k는 "킬로"라는 접두사 형태로 1,000배를 뜻하고 Hz는 헤르츠로 읽고 초당 몇 번 진동하는가를 나타내는 단위입니다. 그리고 8~11㎛은 8~11 ㎛으로 표현하는 것이 표준입니다.

대략 40℃라고 가정하고 흑체복사에 대한 빛의 세기를 태양의 경우와 마찬가지로(〈그림 2.1〉 참고) 〈그림 2.4〉에 그려 보았습니다. 보시는 바와 같이 사우나실의 온도는 태양에 비해 매우 낮기 때문에 파장 영역이 약 20배 더 긴 영역에 분포되어 있습니다. 그리고 소위 원적외선 영역이라고 하는 8~11마이크로미터 근처의 빛의 세기를 〈그림 2.4〉에서 살펴보면 높이가 가장 높은 꼭지 근처의 영역이긴 하지만 (놀랍게도!) "원적외선(8~11㎛)을 90% 이상 다량 방출"이라는 이야기와는 달리 전체 면적의 90%가 되지는 않는 것처럼 보입니다. 실제로 수치적분을 해 보니 약 21% 정도밖에 되지 않는 것으로 계산되었습니다.

여러분들은 어떻게 생각하나요? 여러 가지 가능성이 있겠지요? 우선 벽이 자수정으로 둘러싸여 있는 사우나실에는 창문도 있어서 흑체복사는 아닐 것입니다. 저는 양자역학을 믿는 물리학자로서 흑체복사는 물체와 관계없이 고유한 빛의 분포를 갖는다는 물리학적 사실을 근거로 의심의 눈초리를 지울 수 없으나 한국과 일본 생명과학연구소 분석 결과 그렇다니 … 그렇겠지요? 아무튼 문구를 뚫어지게 쳐다보고 있는데 이 책 4장의 〈그림 4.5〉에 중력을 몸소 느끼면서 등장하게 될 첫째 아들 준권이의 "아빠, 이제 가자, 아이스크림 사 줘!"라는 말에 사우나실에서 끌려 나왔습니다.

○● 서로 너무나 다른 빛과 전자

흑체복사의 기본 원리로 이야기하였던 자발적 전이와 관련하여

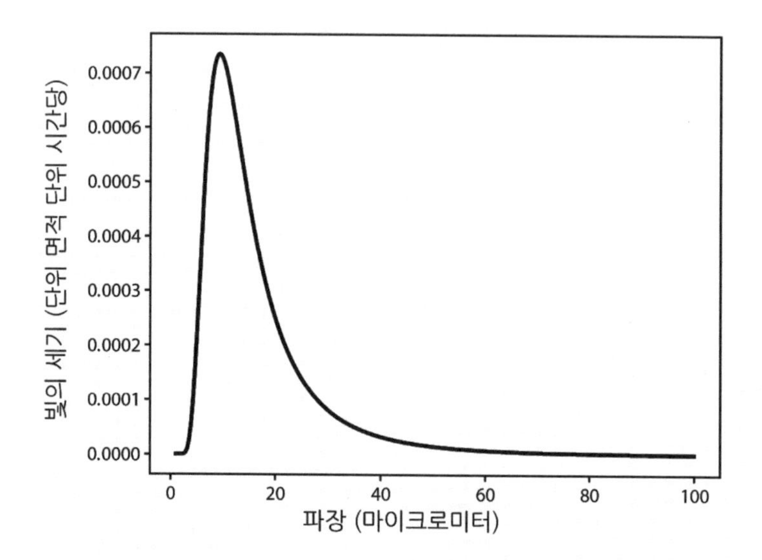

사우나실의 온도가 40℃일 경우 흑체복사에 대한 빛의 세기를 파장의 함수로 나타낸 그림입니다.

매우 중요한 자연의 법칙에 대하여 논의해 보겠습니다. 원자 내부에 있는 전자들은 더 낮은 에너지 준위로 자발적 전이를 할 수 있다고 했습니다. 그러면 물이 위에서 아래로 흐르듯이 모든 자연계는 낮은 에너지 상태로 가려고 하므로 원자 내부의 전자들도 과연 모두 가장 낮은 상태로 전이할 수 있을까요? 답은 "그렇지는 않는다"입니다. 전자는 "스핀(spin)"이라는 일종의 회전속력으로 생각할 수 있는 물리량을 가지고 있습니다만 말이 회전이지 팽이처럼 회전하는 것으로 생각할 수는 없습니다.* 특히 전자의 회전속력은 1/2의 값을 갖습니다. 한편 빛알갱이의 회전속력은 1로서 정숫값을 갖게 됩니다. 전자의 회전속력은 빛의 회전속력에 비하여 겨우 1/2만큼밖에 차이가 나지 않지만 이로 인한 결과는 엄청나게 달라집니다. 참고로 입자의 전기전하, 회전속력과 같은 성질은 입자의 고유한 특성으로 "양자수"라고 합니다. 즉 입자의 전기전하 양자수는 ±1, 혹은 입자의 회전속력 양자수는 1, 1/2 등과 같은 표현을 물리학에서 사용하고 있습니다.

다시 전자들은 에너지를 잃고 자발적으로 빛알갱이를 방출할 수 있다는 이야기로 돌아가 보겠습니다. 그러면 앞에서 언급한 바와

* 어렵죠? 여기서 회전이라고 하는 것은 양자역학에서 나오는 이야기입니다. 모든 입자는 정수 또는 정수+1/2의 "회전속력"을 갖습니다. 또한 기본 입자가 회전하는 것은 유한한 크기를 가진 물체가 회전하는 것이 아니라 공간의 한 점에 위치한, 크기가 없는 입자가 회전하는, 우리의 일상생활에서 접하기 매우 힘든 개념입니다. 이를 양자역학에서 "스핀"이라고 부릅니다.

같이 원소에 있는 모든 전자들은 낮은 에너지 상태를 선호하여 결국은 빛알갱이를 방출하고 가장 낮은 에너지 상태로 모일 수 있게 된다고 생각하는 독자도 있을 것입니다. 하지만 그렇게 되지는 않는데, 이는 전자의 회전속력이 1/2이기 때문입니다. 양자역학 이론에 따르면 회전속력의 값이 반정수인 입자는 같은 곳에 존재할 수 없게 되어 전자들은 **절대로 한곳에 모이지 못하게 됩니다.**[*] 이를 파울리의 배타원리라고도 부르고 이에 따르면 전자들은 서로 모이기를 싫어해서 가까이 오면 서로 밀쳐 내는 작용을 한다고 생각할 수도 있겠습니다. 바로 이 원리에 의해 우리가 물건을 밀쳐 내기도 하고 잡을 수도 있는 아주 중요한 원리가 되겠습니다. 모든 물체는 원자들로 이루어져 있는데 원자는 중심에 원자핵이 있고 그 바깥에는 전자들이 있는 구조로서 물체의 표면에는 전자들이 위치해 있습니다.

여러분들이 연필을 잡고 글을 쓸 경우 손에 있는 전자들과 연필 표면에 있는 전자들이 서로 가까이 있으려 하지 않기 때문에 연필을 손으로 잡고 종이에 글씨를 쓸 수 있는 것입니다. 이에 대한 상황을 약간은 익살스럽게 〈그림 2.5〉에 한번 그려 보았고 연필에 있

* 좀 더 정확하게 이야기하면 회전속력의 값이 반정수로 기술되는 양자 상태는 한곳에 있을 수 없다는 의미입니다. 그리고 회전속력이 1/2인 전자의 양자 상태는 +1/2과 -1/2 두 가지 값을 가질 수 있으므로 최대 2개의 전자가 한곳에 있을 수 있다는 표현이 좀 더 정확한 설명이 되겠습니다.

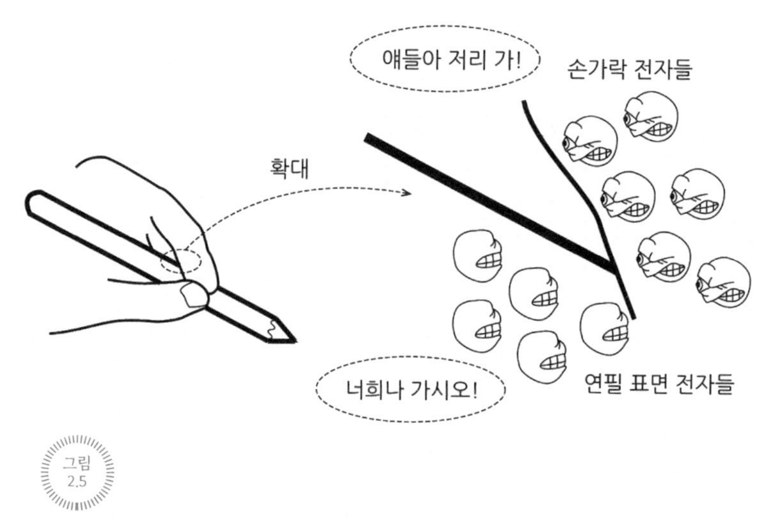

그림 2.5

우리가 연필을 잡고 글을 쓸 수 있는 이유는 파울리의 배타원리에 따른 것임을 본문에서 설명했는데 이에 대해 약간은 익살스러운 설명을 시도해 본 그림입니다.

보손과 페르미온에 대한 밀도 분포 및 통계에 대한 표. 보손과 페르미온의 예로서 빛알갱이와 전자를 각각 들었습니다. 다시 한번 설명하지만 여기서 T는 온도, k는 온도를 에너지로 변환시켜 주는 상수, E는 입자의 에너지입니다.

	빛알갱이	전자
밀도 분포	$\dfrac{1}{\exp(E/kT) - 1}$	$\dfrac{1}{\exp(E/kT) + 1}$
통계 분류	보스-아인슈타인	페르미-디락

는 전자들과 손가락에 있는 전자들이 서로 싫어해서(?) 밀쳐 내려는 상황을 나타내고 있습니다. 여러분들에게 웃음을 좀 드리고자 했는데 제가 성공했는지 모르겠습니다. 혹시 그렇다면 연필 표면에 있는 전자들은 왜 서로 안 밀치는지 궁금해하는 독자가 있을지 모르겠습니다. 그 이유는 연필 표면에 있는 전자들도 이미 충분히 서로 밀치고 있지만 각각의 전자들은 양의 전기전하를 띤 원자핵에 의하여 매우 강하게 공간적인 속박을 받고 있기 때문입니다. 참고로 회전속력이 반정수배인 입자들은 페르미온이라고 부르고 따라서 1장에서 이야기했던 전자 및 쿼크는 모두 페르미온에 속합니다. 이 페르미온은 페르미-디락 통계를 따르는 것으로 알려져 있으며 파울리 배타원리와 밀접한 연관이 있습니다.

그렇다면 회전속력이 1인 정숫값을 갖는 빛의 경우에는 어떤 일이 벌어질까요? 파울리의 배타원리와는 달리 양자역학 이론에 의하면 정숫값을 갖는 입자는 한곳에 무한하게 많이 모일 수 있습니다. 즉 전구에서 오는 빛알갱이들은 서로 가까워질 수 있어서 특정 조건에서 빛의 세기를 매우 강하게 만들 수 있고, 레이저와 같이 강력한 도구를 만들 수도 있습니다. 이러한 특성을 갖는 입자들은 보스-아인슈타인 통계를 따른다고 알려져 있습니다.

회전속력이 정수배인 (0을 포함해서) 입자들은 보손* 이라고 부릅

* 보손이라는 이름은 보손이 따르는 보스-아인슈타인 통계에서 따왔습니다. 보스는 인도의 통계물리학자입니다.

니다. 빛알갱이, $W^{\pm}$, Z^0 보손 등이 이에 속합니다. 최근에서야 발견된 힉스 입자도 현재 측정에 의하면 회전속력이 0일 것이 확실시되고 있어서 통상 힉스 보손이라고 부르고 있습니다만 회전속력이 0이 아닐 가능성은 아직 완전히 배제되지 않은 상황입니다. 보손의 경우에는 모든 입자들이 무한히 많이 모일 수 있다는 사실로부터 간단한 통계학 지식을 활용하면, 에너지에 따른 입자의 분포가 기본적으로 앞에서 언급한 플랑크가 계산한 빛의 세기에 대한 수식 (2.1)과 정확하게 일치한다는 사실을 이끌어 낼 수 있습니다. 이러한 단순한 사실이 복잡하게 보이는 수식 (2.1)을 유도할 수 있다는 사실이 신기하지 않습니까? 이러한 과정을 이해하는 것이 물리학을 공부하는 재미이기도 하고 이를 유도하면서 지적인 희열을 느끼기도 합니다. 여러분들은 어떻습니까? 저로서는 독자 여러분들이 여기에서 물리학이 그렇게 딱딱한 과목만은 아니라는 것을 느끼기를 바랄 뿐입니다.

수식 (2.1)이 빛알갱이에 대한 에너지 분포함수였다면 페르미온에 대한 에너지 분포함수는 어떻게 표현될까요? 놀랍게도 에너지 분포함수는 수식 (2.1)의 분모에 있는 -1을 +1로 바꾸어 주면 됩니다. 즉 〈표 2.1〉과 같이 정리됩니다. 이렇게 서로 다른 성질을 가진 두 입자의 평균 개수를 나타내는 함수가 단지 부호 하나만 다르다는 것이 신기하지 않습니까?

2 양자역학과 파동함수

양자역학에 대하여 조금이라도 관심을 가지고 알아본 독자라면 파동함수라는 단어를 한 번쯤은 들어 보았을 것입니다. 도대체 파동함수는 무엇이고 왜 양자역학이라는 분야에서 필요할까요? 이 번에는 이러한 질문에 대해 답을 한번 해 보고자 합니다.

물리학을 아직 제대로 접하지 않은 독자 여러분이라도 1장에서 잠깐 언급한 수식 (1.1)인 $F=ma$는 한 번이라도 보았으리라 생각됩니다. 다시 한번 설명드리면 여기서 F는 물체에 가해지는 힘, m은 물체의 질량, a는 물체의 가속이 되고 이를 운동방정식이라고 부르기도 합니다. 적어도 저희 고려대학교 물리학과의 2학년 학생들이 수업시간 동안 주로 하는 일은 주어진 힘에 대하여 이 운동방정식을 풀어서 물체의 위치(x)를 시간(t)의 함수로 구하는 것으로, $x(t)$를 얻어 내는 일입니다. 뉴턴이 완성한 운동방정식과 그 풀이 과정에 깔려 있는 중요한 가정은, 임의의 시간에 물체의 위치는 원칙적으로 한 치의 오차도 없이 이론적으로 계산될 수 있다는 것입니다. 만일 오차가 있다면 그것은 측정에서 오는 오차로 해석되어야 한다고도 할 수 있습니다. 이러한 관점은 양자역학이 탄생하기 직전까지 수백 년 동안 물리학의 바탕이 되어 물체의 포물선 운동부터 태양계 내부 행성의 운동까지 정밀하게 기술해 왔습니다. 그런데 앞으로 4장에서 말씀드릴 1911년 어니스트 러더퍼드(Ernest Rutherford)의 실험에 의해, 원자의 중심에는 양의 전기전하를 띤 원자핵이 있고 원자핵 크기의 약 10만 배 정도 떨어진 거리에 전자들이 위치해 있다는 사실을 알게 되었습니다. 이 사실은 당시의 물리학자들을 매우 곤혹스럽게 만들게 되는데, 그 이유는 간단하게도 음의 전기를 띠는 전자들이 중심에 있는 원자핵으로 끌려가지 않는다는 사실을 설명할 수가 없었기 때문입니다. 이를 해결하기 위해서 1913년 덴마크의 물리학자 닐스 보어(Niels Bohr)는 보어의 원자모형을 제시합니다. 이 모형에 따르면 전자들이 태양계의 행성과 같이 원자핵을 중심으로 원운동을 하게 되고 이에 따라 전기력과 원심력이 서로 상쇄되어 전자가 원자핵으로 이끌리지 않게 됩니다. 그런데 전자기 이론에 의하면 전기전하를 가진 입자가 원운동을 하면 빛을 방출하고 에너지를 잃게 되는데 이에 따르면 전자는 원운동을 지속할 수 없게 됩니다. 이를 해결하기 위하여 보어는 다음과 같은 가정을 하게 됩니다.*

- 전자는 원자핵 주위의 원형 궤도를 돌고 있다.
- 전자의 궤도는 회전 운동량**이 $h/2\pi$의 정수배인 궤도만 허

* 보어의 네 가지 가정에 대하여 제가 참고한 원본[14]의 내용을 고치지 않으려고 복사선, 광자와 같은 표현을 그대로 두었습니다. 대신 괄호 안에 빛 또는 빛알갱이로 표현하여 독자분들의 혼동을 최소화하려고 노력하였습니다.

** 회전 운동량은 물체가 회전하는 경우 그 크기에 대한 물리량입니다. 질량이 큰 물체가 회전하면 같은 속도로 회전하는 질량이 작은 물체보다 회전 운동량이 더 크고, 같은 질량을 갖는 두 물체에서 회전속도가 더 크면 회전 운동량이 더 큰 값을 갖습니다.

용된다.

$$회전\ 운동량 = n\frac{h}{2\pi} \qquad (n = 1, 2, 3, \ldots)$$

- 허용된 궤도상에서 운동하고 있는 전자는 안정하며 복사선(빛)을 방출하지 않는다.
- 에너지가 다른 (E_1과 E_2) 궤도 사이에 전자가 전이할 때에는 광자(빛알갱이)의 형태로 복사선을 방출하며 그 진동수(ν)는 다음과 같다.

$$h\nu = E_2 - E_1$$

설마 벌써 h가 플랑크 상수라는 사실을 잊어버린 독자는 없겠지요? 그렇게 믿고 다음으로 넘어가겠습니다. 〈그림 2.6〉에 보어의 원자모형에 대한 개략적인 설명이 있습니다. 단 이 경우에는 전자가 세 번째 궤도에서 두 번째 궤도로 전이하면서 빛알갱이를 방출하는 모습($h\nu = E_3 - E_2$)을 나타내고 있습니다. 이러한 모형을 참고서적인 『양자물리학』[14]에서는 구식(舊式) 양자론이라고 표현하고 있습니다. "구식"이라면 왠지 오래되고 낡아서 부정적인 느낌이 많은 단어입니다. 저는 이제 나이가 들어 구식이 더 좋지만 여러분들은 안 그렇겠죠? 구식 양자론에는 보어의 원자모형이 포함되어 있고 이 모형에는, 비록 수소의 경우 많은 현상을 잘 설명하기도

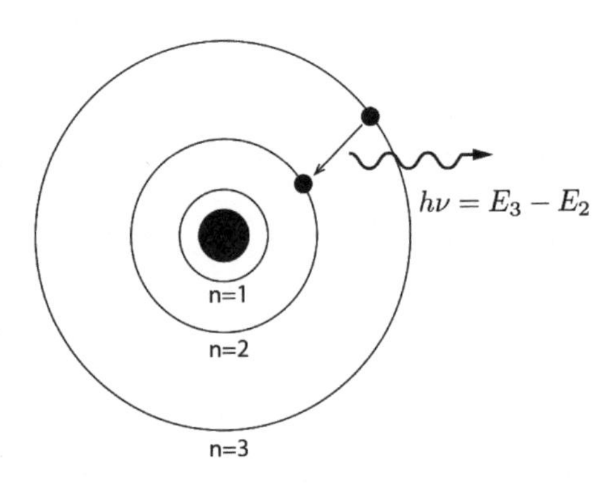

보어의 원자모형에 대한 개략적인 설명. 중심의 검은색 원은 수소 원자핵을 나타내고 있고 외부의 세 가지 동심원은 보어가 이야기했던 허용된 궤도들을 나타내고 있습니다. 그리고 전자가 세 번째 궤도에서 두 번째 궤도로 전이하면서 빛알갱이를 방출하는 모습을 나타내고 있습니다.

하였지만, 몇 가지 문제가 있습니다. 예를 들어 전자가 여러 개 있는 원자의 경우에는 예측되는 에너지 준위들이 실험 측정값들을 설명하지 못합니다. 또한 일부 원자들의 경우에는 에너지 준위 두 개 또는 세 개가 아주 가깝게 위치하는 경우가 있는데, 마찬가지로 보어 원자모형은 이를 설명할 수 없습니다.

이를 해결하기 위한 노력은 계속되었고 1925년 오스트리아의 물리학자 에르빈 슈뢰딩거(Erwin Schrödinger)는 오늘날 슈뢰딩거 방정식이라고 부르는 미분방정식을 고안해 내게 됩니다. 이 미분방정식은 앞서 잠깐 언급한 파동함수에 대한 방정식으로, 이 방정식과 이에 대한 정확한 해석이 양자역학의 핵심 내용입니다.

○● 빛알갱이와 전자는 입자인가요, 파동인가요?

제가 양자역학과 관련하여 받게 되는 수많은 질문 중 가장 많이 받는 것은, 과연 빛과 전자는 입자인가 파동인가 하는 것입니다. 보통 입자라고 하면 유한한 크기를 가지고 있는 덩어리로서, 그 운동을 기술하려면 입자의 중심이 되는 한 지점의 좌표 —예를 들어 (x_0, y_0, z_0)— 와 시간이 어떻게 변화하는지 알고 있으면 될 것입니다. 그렇다면 파동은 어떠한 성질을 가지고 있을까요? 우리에게 가장 친숙한 파동 중 하나는 소리입니다. 소리는 공간적으로 퍼져 있으며 어느 한 곳에서 다른 곳으로 전달됩니다. 입자와는 달리 파동은 어느 한 지점(x_0, y_0, z_0)에만 있는 것이 아니라 주어진 시간에 공간적으로 널리 퍼져 있는 것으로 이해됩니다. 또한 예를 들면 호수에 돌을 던져 호수의 표면이 물결을 만들면서 퍼져 나갈 때도 물결의 높고 낮은 구조는 공간적으로 펼쳐져 있습니다. 그리고 1장에서 이야기한 바와 같이 파동에는 진폭과 파장이라는 물리량을 생각할 수 있습니다만 입자는 그러한 개념 자체가 존재하지 않습니다. 따라서 입자와 파동의 구분은 아주 쉽고 이는 〈그림 2.7〉에 잘 나타나 있습니다. 여기까지의 이야기에 동의하지 못하는 독자 여러분들은 없겠지요?

양자역학이 등장하기 전까지는 빛은 전자기파의 한 형태인 파동으로 인식되었고 전자는 물질 내부에 음의 전하를 가지고 있는 입자로 인식되어 왔습니다. 빛의 경우에는 파장과 진폭을 생각할 수 있고 또한 다양한 현상들이 빛이 파동이라는 해석을 가능하게 했기 때문입니다. 그중 대표적인 현상은 여러분들도 많이 들어 보았으리라 생각되는 "이중 슬릿 실험과 간섭 현상"입니다. 〈그림 2.8〉 왼쪽 구조가 빛에 대한 이중 슬릿 실험과 간섭 현상에 대한 설명입니다. 빛은 파동으로서 두 슬릿을 통과한 파동이 서로 위상 차가 없게 되면 파동은 두 배로 커지고 만일 위상이 180° 차이가 나면 서로 정확히 상쇄되어 파동은 사라지게 됩니다. 이러한 현상을 간섭 현상이라고 하고 이에 대한 결과는 스크린에 밝은 무늬와 어두운 무늬가 반복되는 현상으로 나타나게 됩니다. 다들 아는 내용이지요?

양자역학이 등장한 이후 아주 작은 공간에서 전자의 움직임에 대한 기술을 올바르게 할 수 있게 되었습니다. 그런데 양자역학에 의하면 질량을 가진 입자에 대한 수학적인 기술은 파동함수를 사용하여 설명합니다. 이에 따르면 전자의 이중 슬릿 실험 결과도 빛의 경우와 비슷한 간섭무늬를 만든다는 사실을 예측하고, 실제로 실험을 통해 이를 증명한 바 있습니다. 여기까지는 사실 많은 독자들이 알고 있는 것으로 이해하고 있습니다. 그런데 전자의 이중 슬릿 실험에서 전자를 하나씩 쏘았을 때에도 간섭무늬가 관찰됩니다. 그렇다면 도대체 무엇이 간섭을 하길래 전자를 하나하나 쏘아도 간섭무늬가 나타나는 것일까요?

답은 양자역학의 핵심 중 하나인 파동함수에 있습니다. 양자역학에서의 파동함수에 대해서는 특별한 해석이 필요하고, 지금부터 그것에 대하여 설명해 보겠습니다. 양자역학에서의 파동함수는 기술하는 대상에 대한 확률 밀도를 주는 진폭으로 이해해야 합니다. 무슨 말인지 이해하기가 어려울 수도 있으므로 차근차근 설명해 보겠습니다. 일차원 운동을 하는 물체를 기술하는 파동함수를 $\Psi(x, t)$라고 표시해 보겠습니다. 이 파동함수에 대한 물리학적 해석은 절댓값의 제곱, 즉

$$|\Psi(x, t)|^2$$

이 확률을 나타내는 것입니다. 즉 $|\Psi(x, t)|^2$은 물체가 시간 t에 위치 x에 있을 확률을 나타낸다는 의미입니다. 절댓값 기호가 사용된 이유는 파동함수가 음수가 될 수도 있을뿐더러 더 중요한 이유

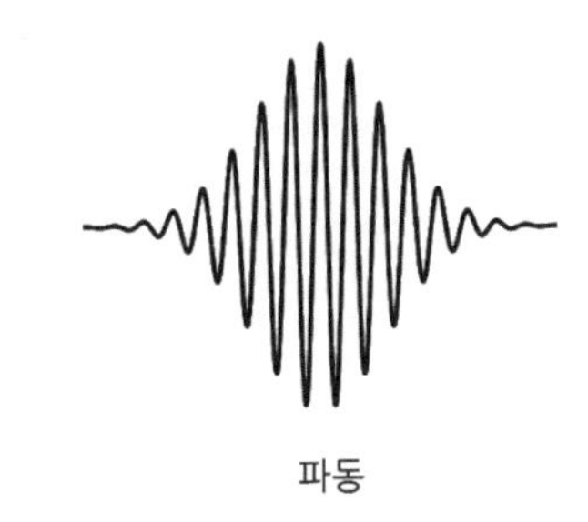

입자와 파동의 서로 다른 점을 설명하는 그림. 입자는 공간의 한 부분에 있지만 파동은 널리 퍼져 있습니다. 쉽죠?

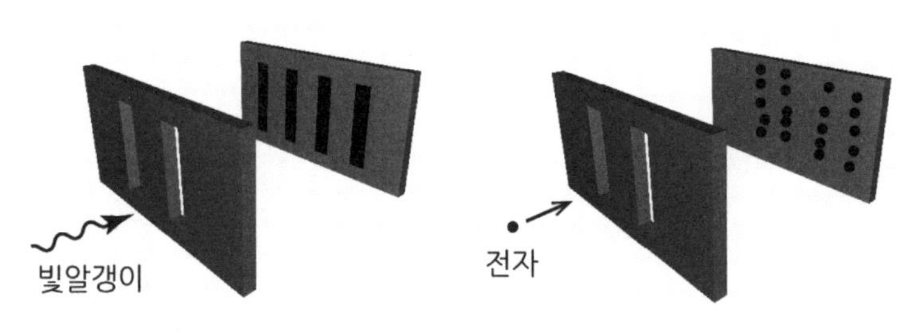

이중 슬릿 실험과 간섭 현상에 대한 그림. 판에 두 개의 슬릿이 있고 그 뒷면에 스크린이 있어서 빛 또는 전자가 어떠한 형태로 쌓이게 되는지를 알아내는 실험이 이중 슬릿 실험입니다. 빛의 경우는 왼쪽에 나타나 있고 전자의 경우는 오른쪽에 나타나 있습니다. 양자역학은 빛뿐 아니라 전자의 경우에도 간섭무늬가 나타나는 것을 예측합니다.

로는 일반적으로 복소수 함수이기 때문입니다.*

자, 그러면 다음 질문은 '파동함수에 왜 복소수가 필요한 것인가'이겠지요? 그 이유는 양자역학에 따르면 물체의 운동을 기술하기 위해서는 두 개의 성분을 갖는 파동함수가 필요하고(실수 부분과 허수 부분), 이 두 성분은 복소수를 통하여 서로 연결되어 있기 때문입니다. 이러한 사실은 〈그림 2.9〉에 설명되어 있는데 복소숫값을 갖는 양자역학적 파동함수는 실수 부분(Re[$\Psi(x, t)$], 수평판에 있는 파동)과 허수 부분(Im[$\Psi(x, t)$], 수직판에 있는 파동)이 있기 때문에 이 두 부분이 결합된 형태로서 확률 파동을 생각해야 한다는 것을 설명하고 있습니다. 전자 하나가 슬릿을 통과하기 전에 그 상황에 대한 확률 파동함수가 결정되어 양쪽 슬릿을 각각 통과하는 파동함수가 존재하고 그 두 파동함수의 간섭이 간섭무늬를 일으키는 핵심 원인입니다. 물론 전자 한 개만으로는 그 간섭무늬를 볼 수 없고 많은 개수의 전자들이 슬릿을 통과하면 이미 결정된 확률에 따라 간섭무늬를 만드는 것으로 이해해야 할 것입니다.

자, 이제 빛알갱이와 전자는 과연 입자인지 파동인지에 대해 답

---

* 혹시 복소수를 모르는 독자 여러분들을 위해서 잠깐 설명하겠습니다. 보통의 숫자는 제곱을 하면 항상 양의 값을 갖지만 특별한 수가 있어서 이를 제곱하면 음수가 나오도록 정의를 합니다. 예를 들어 i라는 수를 도입하여 $i^2=-1$이라고 정의합니다. 이러한 특성을 갖는 숫자를 복소수라고 합니다. 따라서 일반적인 복소수는 우리가 알고 있는 두 실수를 통하여 $1+2i$처럼 표시하고 1을 실수 부분, 2를 허수 부분이라고 이야기합니다.

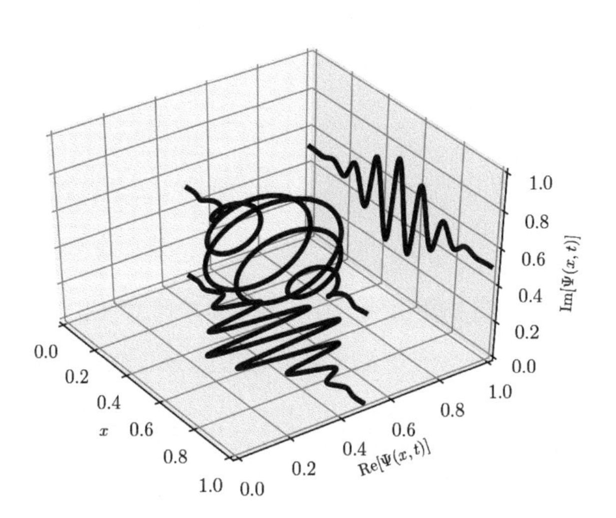

양자역학적 확률 파동에 대한 개념. 확률 파동은 본문에서 설명한 바와 같이 실수 부분(Re[$\Psi(x, t)$], 수평판에 있는 파동)과 허수 부분(Im[$\Psi(x, t)$], 수직판에 있는 파동)이 있기 때문에 이 두 부분이 결합된 형태로서 확률 파동을 생각해야 하고 그에 따른 개념적 그림이 표시되어 있습니다. 이를 기술하기 위하여 $\Psi(x, t) \propto \exp[-20(x-0.5)^2][\cos(16\pi x)/4+1/2+i(\sin(16\pi x)/4+1/2)]$이라는 수식을 사용하여 그려 보았습니다.

해 보도록 하겠습니다. 제가 지금까지 알아본 바에 의하면, 이 질문에 대한 정답은 없어 보입니다. 여러 물리학자들의 의견도 갈리지만 가장 중요한 사실로 빛알갱이와 전자가 극미 세계에서 행동하는 방식이 파동으로만 해석될 수도 없고, 입자의 형태만을 띠고 있지도 않기 때문입니다. 좀 무책임한 말이 될 수도 있겠지만, 엄밀히 말해서 빛알갱이와 전자가 극미 세계에서 입자인지 파동인지를 물어보는 것보다는 어떠한 방식으로 그 운동을 기술할 수 있는가가 더 중요한 것입니다. 즉, 앞에서 언급한 슈뢰딩거 방정식을 주어진 물리적 상황에 대하여 풀어내고 그 결과를 정확하게 해석하는 일이 가장 중요합니다. 해석하는 과정에서 파동과 같은 성질 또는 입자와 같은 성질이 나타나게 되면 그 상황에서는 입자 또는 파동의 성질을 갖는다고 해석하는 것이 자연스럽겠지요?

○● 현대 양자장 이론

현대 물리학에 따르면 지금까지 언급한 확률 파동함수도 전자에 대한 근사적인 기술로 이해되고 있습니다. 모든 기본 입자에 대한 기술은 특수 상대성이론과 잘 일치되도록 기술해야 하고 이러한 시도는 1928년 영국의 이론물리학자 폴 디랙(Paul Dirac)에 의해 완성됩니다. 디랙은 소위 디랙 방정식이라 불리는 방정식을 만들어 반물질을 이론적으로 예측하게 됩니다. 예측 당시에는 많은 사람들이 반신반의하였으나 1932년 미국의 물리학자 칼 앤더슨(Carl Anderson)은 전자의 반물질인 양전자를 실험적으로 발견하여 디랙

방정식이 옳다는 사실을 실험적으로 증명해 주었습니다.*

이와 더불어 파동이라는 개념은 차차 사라지고 양자장이라는 개념이 등장하게 됩니다. 이러한 이유는 파동함수 자체를 "양자화"하는 작업이 도입되어 파동함수보다는 전기장 또는 자기장과 같은 양자장을 현대 물리학에서 다루게 되었기 때문입니다. 전자는 그 질량, 스핀, 전기전하량만으로 알 수 있고, 존재하는 모든 전자는 이러한 세 가지의 특성을 동일하게 지닙니다. 이를 양자장 이론에서는 '전자는 전자를 기술하는 양자장이 동일하게 들뜬 상태이기 때문이다'라고 설명합니다. 물론 다른 기본 입자는 전자와는 다른 양자장의 들뜬 상태로 해석하게 됩니다. 이러한 해석이 기본 입자의 운동과 상호작용을 기술하는 방식이라는 점을 강조하면서 이번 장을 마치도록 하겠습니다.

---

* 칼 앤더슨은 1936년 뮤온 입자도 발견하는 놀라운 업적까지 달성하였습니다.

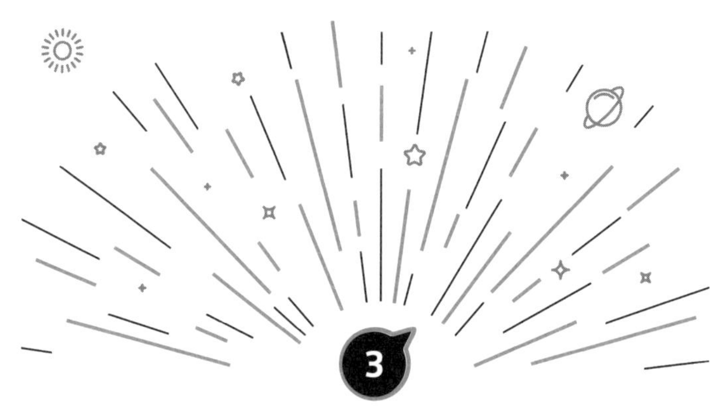

상대적 시공간

1 횃불은 다음 세대로

이 책을 쓰기로 결정한 2016년 끝자락에 저희 가족은 결혼 10주년을 기념하기 위하여 하와이로 여행을 갔습니다. 남자아이 셋을 졸졸 따라다니느라 아빠로서 무지 힘들었지만 그래도 즐거운 여행을 마치고 귀국 후 인천공항에서 휴대폰 전원을 켰는데 눈에 띄는 문자 하나가 보였습니다.*

* 문자를 보낸 분은 평소 이렇게 오타를 하시는 분이 아닌데, 마침표도 생략되어 있고 오타가 있는 것으로 보아 당시의 긴박한 상황을 알 수 있습니다.

오늘 아침 강교수님 돌아가셨습니다
고대 영안실에 모셨어요 물리학과 등
연락해 주시면 감사하게습니다

이 문자는 고 강주상 고려대학교 물리학과 명예교수의 사모님인 최해림 교수(서강대학교)의 문자였습니다. 그때가 2017년 1월 6일 오후 네 시경이었고 저는 황급히 가족을 집에 데려다주곤 다시 운전대를 잡고 고려대학교 안암병원 장례식장으로 향했습니다. 돌아가신 강주상 명예교수님은 국내에 잘 알려진 고 이휘소 박사님의 대표적 한국 제자로서, 제가 고려대학교에 부임했을 때 저를 제자 이상으로 아껴 주셨던, 제 은사는 아니지만 저로서는 은사 이상의 의미가 있었던 분이었습니다. 충격 속에 장례를 마치고 약 한 달이 좀 더 지난 2월 27일, 강주상 교수님의 제자인 고병록 박사, 최지훈 박사와 함께 (두 사람 모두 기초과학연구원 소속 연구원) 서울 옥수동에 있는 강주상 교수님 댁을 찾아갔습니다. 사모님께서는 저희를 따뜻이 맞아 주셨고 마침 미국에서 온 강 교수님의 따님인 강수미 박사도 보였습니다. 저희가 간 목적은 강 교수님의 유품 정리, 특히 열 개가 넘는 종이상자들에 있는 물리학 관련 책을 정리하는 것이었습니다. 총 다섯 명이 팔을 걷어붙이고 유품을 정리하던 중 갑자기 사모님께서 웃으시면서 "야, 박사학위 소지자 다섯 명이 애쓰고 있네"라고 농담을 하셔서 잠시 피곤을 잊고 웃었던 기억이 납니다. 유품을 정리하면서 강 교수님께서 아인슈타인에 대

그림 3.1

고 강주상 교수님의 사모님인 최해림 교수님을 뵙고 책 정리 후 연구실에 돌아와서 찍은 사진. 가운데에 아인슈타인이 1916년에 직접 저술한『상대론』이 보이고, 왼쪽 상단에 강주상 교수께서 은퇴 시 저에게 물려주신 고 이휘소 박사님의 사진도 보입니다. 물려주실 때 사진의 왼쪽 하단에 "이제 횃불은 다음 세대로 전달한다"라는 문구를 주셨고 이를 확대하여 사진 아래에 붙였습니다.

해 관심이 많았다는 것을 새롭게 알게 되었습니다. 많은 관련 서적들 중 1916년에 아인슈타인이 직접 저술한 『상대론』이라는 164쪽의 얇은 책이 눈에 띄었고, 혹시 이 책을 쓸 때 도움이 될까 싶어서 특별히 잘 챙겼습니다. 약 세 시간 동안 책을 정리하면서 버릴 것은 버리고 나머지는 제 차에 가득 싣고 학교로 돌아왔습니다. 그때 찍은 사진이 〈그림 3.1〉에 있습니다. 따로 챙겨 놓았던 책이 가운데 맨 위에 보이는데, 여러분들께 저자 직강의 상대성이론을 소개하고자 이 책[15] 내용을 가끔 언급하겠습니다. 참고로 〈그림 3.1〉 왼쪽 상단에 강주상 교수께서 은퇴 시 저에게 물려주신 고 이휘소 박사님의 사진도 보입니다. 물려주실 때 사진의 왼쪽 하단에 "이제 횃불은 다음 세대로 전달한다"라는 문구를 주셨고 이를 확대하여 사진 아래에 붙였습니다. 저는 연구를 하다가 지치고 힘들 때 이 문구를 보면서 다시 마음을 가다듬고 처음의 마음가짐으로 연구를 하려고 늘 노력하고 있습니다.

이번 장은 현대 물리학에서 시공간을 어떻게 이해하고 있는가에 대한 이야기입니다. 뉴턴이 생각했던 시공간부터 시작해서 아인슈타인이 1900년대 초에 제안한 특수 상대성이론이 제시하는 시공간을 앞에서 언급한 저자 직강의 책[15]을 바탕으로 설명하고, 10년 후 다시 아인슈타인이 제시한 일반 상대성이론에 의한 시공간을 우리가 어떻게 이해해야 하는지 살펴보겠습니다.

2 뉴턴이 생각한 시공간

뉴턴이 생각했던 시공간은 우선 시공간이라고는 하지만 시간 부분과 공간 부분이 서로 상관관계에 있지 않습니다. 보통 일상생활의 경험에 의하면 시간은 공간과 관계없이 흘러가고 있습니다. 물론 농담으로 군대에서 병역 의무를 수행하고 있는 장병들 중 일부는 국방부 시계가 느리게 간다고 하고 이제 50세를 향해 가는 저도 어릴 적보다 시간이 무지 빠르게 간다고 뼈저리게 느끼고 있습니다. 그렇지만 이는 다 개인의 느낌일 뿐이고 우리가 정의한 1초는 어디에서나 같은 것으로 인식되고 있습니다. 만일 그렇지 않다면 올림픽 육상 경기나 수영 경기와 같은 기록 경기에서 세계 신기록은 의미가 없겠지요? 이렇듯이 뉴턴의 시공간에서 시간의 개념은 절대적이고 공간과도 상관이 없는 것으로 이해하면 되겠습니다.

뉴턴 역학이 적용되는 공간에 대하여 이제 간단하게 설명드리겠습니다. 우리가 중학교 그리고 고등학교에서 배웠던 기하학은 1장에서 잠깐 소개한 유클리드 기하학이라고 부릅니다. 쉽게 말씀드리면 삼차원의 공간은 서로 그 성질이 방향에 관계없이 같고 편평하다는 것입니다. 수학적으로 엄밀하지 않을지도 모르지만 좀 더 쉽게 말씀드리면, 직각삼각형의 피타고라스 정리 또는 세평방 정리가 성립하는 공간으로 생각하면 되겠습니다. 설마 피타고라스 정리가 기억나지 않습니까? 그러신 분들을 위해서 제가 그림 하나를 준비했습니다. 〈그림 3.2〉에 보면 중심에 직각삼각형이 있습니

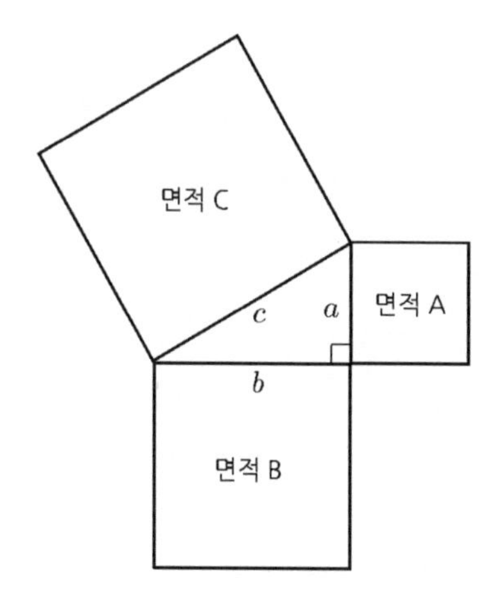

피타고라스 정리에 대한 설명. 중심에 수직 길이가 a, 수평 길이가 b, 빗변 길이가 c인 직각삼각형이 있고 이 직각삼각형의 세 변이 만드는 세 개의 정사각형이 생기는데, 피타고라스 정리는 이 정사각형들의 면적에는 특별한 관계가 있어서 가장 큰 정사각형의 면적은 나머지 두 사각형 면적의 합이라는 정리입니다. 수식으로 표시하면 그림에 나타나 있는 기호들을 사용하여 $a^2 + b^2 = c^2$ 또는 면적의 크기 관계는 $C = A + B$가 됩니다.

다. 그러면 이 직각삼각형의 세 변이 만드는 세 개의 정사각형이 생기는데, 피타고라스 정리는 이 정사각형들의 면적에는 특별한 관계가 있다는 정리입니다. 즉 가장 큰 정사각형의 면적은 나머지 두 사각형 면적의 합이라는 것인데, 피타고라스가 가장 처음 발견한 사실은 아닌 것으로 보입니다. 이미 그 전에 토지 측량에 쓰인 것으로 판단되기 때문입니다. 다만 이 관계를 피타고라스가 처음 증명한 것으로 알려져 있습니다.

그러면 피타고라스의 정리가 맞지 않는 공간이 있을 수 있을까 고민하는 독자들이 있으리라 생각됩니다. 이러한 공간은 축구공 표면과 같이 휘어져 있는 공간으로 여겨지고, 앞으로 이야기할 일반 상대성이론의 시공간과 밀접한 관계가 있기 때문에 이에 대하여 차후에 좀 더 자세하게 이야기하겠습니다.

○● 상대성원리

뉴턴 역학에서 다루는 시공간에서 상대성원리에 대하여 이야기하겠습니다. 논의의 정확성을 기하기 위해서 본 논의에는 이번 장 처음에 소개한 아인슈타인의 책[15]을 되도록이면 많이 참고하였습니다. 우선 기차가 일정한 속도로 움직이는 경우를 생각합니다. 이때, 까마귀 한마리*가 일정한 속도로 날아가고 있다고 가정합니다. 기차를 타고 있는 관찰자와 기차 밖에 정지해 있는 관찰자가 보

* 실제로 참고 문헌 15에서도 까마귀가 등장합니다.

게 되는 까마귀의 속력과 방향은 서로 다르지만 까마귀가 일정한 속도로 날고 있다는 결론은 같을 것입니다. 이를 좀 더 일반적으로 이야기하면 회전을 하지 않고 일정하게 움직이는 좌표들에서의 물리법칙은 같은 원리로 기술된다고 할 수 있고 이를 상대성원리라고 합니다. 즉 회전을 하지 않고 일정하게 움직이는 (정지한 좌표계도 물론 포함) 좌표계들은 물리학적 입장에서 보면 모두 동등하다고 할 수 있습니다. 기차와 까마귀가 서로 반대 방향으로 날아가는 경우 기차의 속력이 v이고 까마귀의 속력이 w라면 기차에 타고 있는 관찰자가 측정하는 까마귀의 속력은

$$v + w \tag{3.1}$$

가 된다는 것을 상대성원리의 정량적인 결과로 생각할 수 있습니다.

○● 뉴턴의 시공간과 우주의 끝

뉴턴이 만들어 낸 중력이론은 이와 같은 시공간에 있는, 질량이 있는 물체의 운동에 관한 것입니다. 즉 지구, 달, 태양과 같은 물체는 이미 존재하고 있는 공간에서 시간이 흐름에 따라 움직이게 되고 그 움직임을 만들어 내는 궁극적인 원인은 중력이라고 설명합니다. 여기서 한 가지 다시 한번 강조할 점은, 삼차원 공간은 이미 존재하고 있고 그 삼차원 공간에서 물체가 운동한다는 점입니다. 이러한 관점에서 볼 때 우주는 얼마나 큰 공간인지, 우주의 끝은

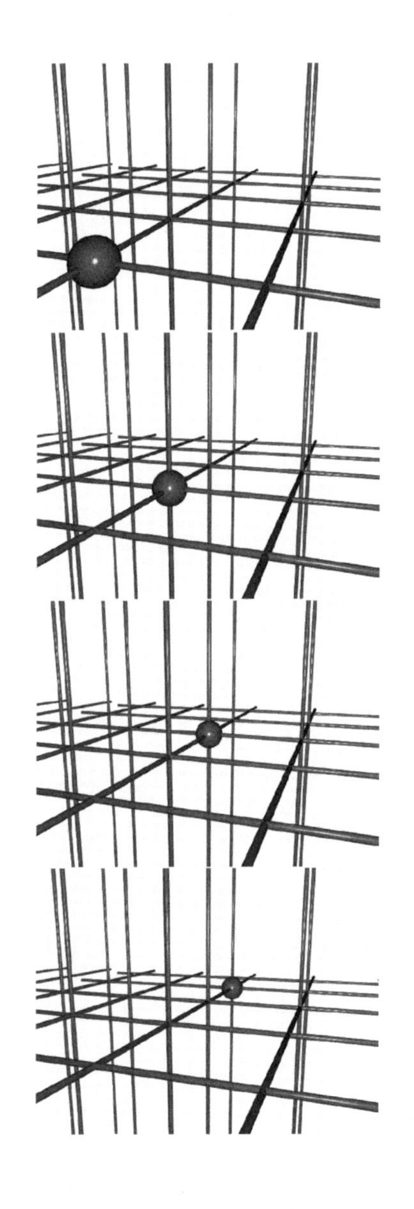

뉴턴의 시공간에서 어떤 물체가 움직이는 모습. 상단에서부터, 시간이 흐름에 따라 움직이는 것으로 이해하기 바랍니다. 물체가 지나감에 따라 주위의 공간은 아무런 상관이 없이 존재합니다.

과연 있는 것인지 잠깐 생각해 보겠습니다.

〈그림 3.3〉은 뉴턴의 시공간을 움직이는 물체가 시간이 지남에 따라 어떻게 보이는지에 대한 개념도입니다. 그림에서 나타내고자 하는 것은 물체의 움직임과 공간은 아무런 상관관계가 없는 것처럼 여겨진다는 것입니다. 질량을 가진 물체는 중력을 만들어 내고 그 중력이 어떠한 식으로든 다른 물체에 영향을 미치지만, 그 중간에 있는 공간은 가만히 있으면서 중력에 아무런 영향을 미치지 못한다는 사고가 뉴턴 역학에 깔려 있는 기본적인 가정입니다. 실제로 태양계 행성들의 운동은 이러한 개념으로 아주 잘 설명할 수 있습니다. 그러면 이러한 개념을 좀 더 확장해서 1장에서 이야기했던 우주 전체의 크기 수준으로 가져가 보겠습니다.

현재 우리가 관측할 수 있는 우주의 크기는 10^{26}미터 정도라고 소개드린 바 있습니다. 그렇다면 그 바깥엔 아무것도 없을까요? 물론 '우주의 끝이 있는가 없는가'라는 질문은 아주아주 오래된 질문으로 인류 역사 동안 꾸준히 고민하고 있는 질문입니다. 적어도 제가 알기로는 명확하게 그 답을 할 수 있는 사람은 없습니다. 왜냐하면 거기까지 그 누구도 가 보지 못했기 때문입니다. 그렇지만 뉴턴의 시공간을 다시 생각해 보면 물체와 아무런 관련이 없는 것으로 생각되는 공간에 끝이 있다는 것은 좀 상상하기 어렵습니다. 있다면 그 끝은 어떻게 구현되었을까요? 딱딱한 벽이 있을까요? 그렇다면 누가 그 벽을 만들었는지 등의 질문으로 과학의 범주를 넘어가기 시작하는 사태(?)가 벌어집니다. 저는 가급적이면 이 책의 내용은 과학의 테두리로 제한하려고 하기 때문에 여기에서 멈추겠습니다. 다만 뉴턴의 시공간을 생각하면 우주의 끝이 있다고 생각하기는 좀 어렵지 않나 싶습니다.

혹시 이렇게 생각하는 독자도 있을 것입니다. 왜 그런지는 모르겠지만 우리가 살고 있는 삼차원 공간 자체는 실제로 무한한 크기를 가지고 있고, 소위 말하는 대폭발에 의하여 물질들이 팽창해 나아가고 있다고 말입니다. 그리고 우리가 생각하는 우주의 끝이 우리로부터 가장 멀리 있는 물질의 위치가 될 수도 있을까요? 여러분들은 어떻게 생각합니까? 이 시점에서 말씀드릴 수 있는 것은 우주는 엄밀히 말해서 피타고라스 정리가 만족이 안 될 수도 있는 기하 구조를 가질 가능성이 있고, 아인슈타인의 일반 상대성이론에 의하면 시간, 공간, 질량, 에너지 이 모든 것들이 서로 얽혀 있다고 알려져 있습니다. 이에 대한 이야기는 차차 풀어 가 보겠습니다.

3 특수 상대성이론

이번 절에서는 1905년경에 아인슈타인에 의해 완성된 특수 상대성이론에 대하여 논하겠습니다. 이 특수 상대성이론은 다양한 방법으로 여러 서적에서 이미 많이 소개가 된 이론입니다. 그렇지만 일반 독자가 쉽게 이해하기는 좀 어려운데, 가장 큰 이유 중 하나는 우리의 실생활에서는 좀처럼 경험하기 어려운 것이기 때문입니다. 따라서 이번 절에서는 특수 상대성이론에 대한 모든 이야기를 하는 것보다는 핵심적인 논의만 진행하려고 합니다.

○● 전지전능한 빛의 속력

우선 가장 놀라우면서도 역설적인 사실로부터 시작하겠습니다. 특수 상대성이론의 기본 가정 중 하나는 **모든 좌표계에서 빛의 속도는 일정하다**는 것입니다. 이것이 우리의 일상생활에서의 경험과 다른 것 중 가장 이해하기 어려운 것이라고 저는 생각합니다. 움직이는 기차 내부에서 공을 던지면 외부 기차역에서 보게 되는 공의 속력은 기차 내부에서의 공의 속력과 기차의 움직이는 속력의 합이라는 것이 우리의 일상생활에서의 경험이고 뉴턴 역학에서 가정하고 있는 '속력의 합' 법칙입니다. 즉 물체의 속력은 절대적이 아니라 누가 보느냐에 따라 달라지는 값이어야 하는데, 특수 상대성이론에서는 상대성이론을 논의하면서 제일 처음으로 빛의 속도는 절대적이라고 하니 벌써 독자들이 어려움을 느낄 수도 있겠습니다. 그렇지만 이는 실험적으로 이미 1913년에 천문학자 더시터르(de Sitter)에 의해 규명되었습니다. 더시터르는 〈그림 3.4〉와 같이 두 별이 서로 원운동을 하는 경우, 만일 아인슈타인의 특수 상대성이론이 틀리다면, 관찰자로부터 멀어지는 별에서 오는 빛의 속력과 반대로 가까워지는 별에서 오는 빛의 속력이 다르게 관측되어야 한다고 주장하였고, 실제의 관측은 두 별에서 오는 빛의 속력이 같다는 주장과 일치하였습니다. 이는 앞에서 논의한 뉴턴 역학적 상대성원리와는 완전히 다른 결과입니다. 상대성원리에 의하면 〈그림 3.4〉에 나타나 있듯이 두 별에서 나오는 빛의 속력은 $c-u$ 또는 $c+u$가 되어야 하는데, 이는 빛의 속도는 일정하다는 사실에 위배됩니다. 역사적으로 보면 전자기학 이론의 발전에 의해 이미 빛의 속력은 일정하다고 예측이 되었고 이 사실이 상대성원리와 상충된다는 문제를 아인슈타인이 "특수 상대성이론"을 통하여 해결한 것이 됩니다.

이와 더불어 또 한 가지 놀라운 사실은 **그 어느 물체도 빛보다 더 빠르게 움직일 수 없다**는 것입니다.* 〈그림 3.5〉에 나타나 있듯이 빛의 속력은 매우 빨라서 초당 정확하게 299,792,458미터를 움직이고, 이 값을 우주에서의 제한속도로 생각할 수 있습니다.

마지막으로 빛은 에너지를 정의하는 데도 중요한 역할을 합니다. 독자 여러분들이 고등학교에서 물리학을 배웠다면 움직이는 물체에 대한 에너지와 운동량은 뉴턴 역학에서는

$$\text{에너지} = \frac{1}{2} \times (\text{질량}) \times (\text{속력})^2$$

$$\text{운동량} = (\text{질량}) \times (\text{속력})$$

* 2011년에 이탈리아의 한 실험에서 중성미자가 빛의 속력보다 약 10만 분의 1 정도 더 빠르다고 학계에 보고한 일이 있었습니다.[16] 물론 그러한 주장은 후에 실험의 측정 실수로 밝혀졌습니다.

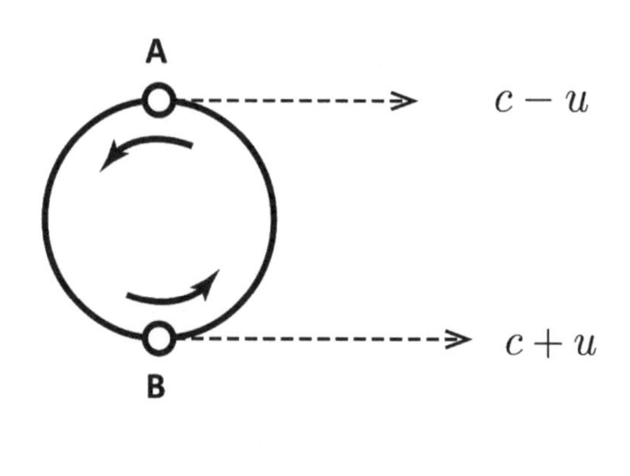

그림 3.4

더시터르가 이야기한 두 개의 별의 원운동과 빛의 속력과의 관계. 만일 아인슈타인의 특수 상대성이론이 틀리다면 원운동을 하는 별들의 속력을 *u*라고 했을 경우 관찰자로부터 멀어지는 별(*A*)에서 오는 빛의 속력(*c*-*u*)과 반대로 가까워지는 별(*B*)에서 오는 빛의 속력(*c*+*u*)이 다르게 관측되어야 하는데 실제의 관측으로 두 별에서 오는 빛의 속력이 같음을 증명하였습니다.

그림 3.5

본문에서 언급한 바와 같이 빛의 속력은 무지 빠르지만 유한한 값을 갖게 되고 관찰자가 정지하고 있건 움직이고 있건 관계없이 빛은 초당 299,792,458미터를 움직이는 것으로 측정됩니다. 또한 그 어떤 물체도 빛보다 빨리 움직이지 못합니다. 이상하지만 그렇습니다.

으로 표현된다는 사실을 다 알고 있을 것이라 저는 굳게 믿고 있습니다(아닌가요?). 그런데 이 관계는 특수 상대성이론에서는 바뀌게 되어 에너지와 운동량은 〈그림 3.2〉에서 언급한 피타고라스 정리의 관계와 유사하게 나타낼 수 있어서 〈그림 3.6〉과 같이 표현됩니다. 즉,

$$(\text{특수 상대론적 에너지})^2 = (\text{질량})^2 \times (\text{빛의 속력})^4 + (\text{운동량} \times \text{빛의 속력})^2 \qquad (3.2)$$

으로 표현되어 빛의 속력이 에너지의 표현에 직접 나타나게 됩니다. 참으로 신기한 일이 아닐 수 없습니다, 빛의 속력이 에너지의 표현에 들어온다는 것이! 한편 물체가 움직이지 않는다면 위의 수식은 $(\text{특수 상대론적 에너지}) = (\text{질량}) \times (\text{빛의 속력})^2$, 즉 $E = mc^2$이라는 그 유명한 아인슈타인의 "이는 엠씨제곱"으로 불리는 수식을 의미하게 됩니다.

○● 길이는 줄어들고 시간은 느려진다?

특수 상대성이론에서 빼놓을 수 없는 현상이 길이 수축과 시간 지연효과입니다. 많은 책에서 다양한 방법으로 이 내용을 다루고 있는데, 여기에서는 항상 새로운 개념을 쉽게 설명하는 파인만 책에 소개된 방법을 통하여 논의해 보겠습니다.[17] 우선 길이의 수축에 대하여 논의해 보겠습니다. 이를 위하여 빛이 반투명 거울을 통

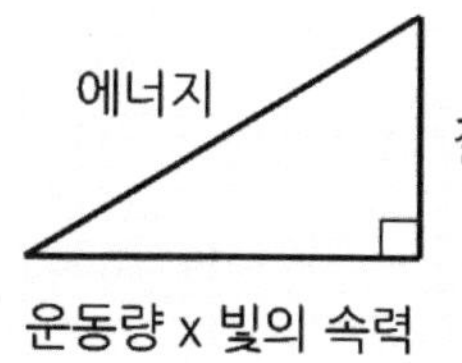

특수 상대성이론에서 에너지와 운동량의 관계. 피타고라스 정리의 관계와 유사하게 (에너지)^2 = (질량)^2 × (빛의 속력)^4 + (운동량 × 빛의 속력)^{2}으로 나타낼 수 있습니다.

과하여 수평 방향과 수직 방향으로 이동 후 거울에 다시 반사되어 반투명 거울로 되돌아오는 경우를 생각해 봅니다. 〈그림 3.7〉에서와 같이 왼쪽으로부터 빛이 45° 기울어져 있는 반투명 거울로 들어오게 되는 시간부터 반투명 거울로부터 각각 수직 및 수평 방향으로 거리 L만큼 떨어져 있는 거울에 도착하기까지 걸리는 시간을 t_0라고 하겠습니다. 그리고 거울에 반사된 빛이 다시 반투명 거울에 도착하게 되는 시간은 총 $t = 2t_0$가 되어 각각의 빛이 반투명 거울에 동시에 도착하게 됩니다. 빛의 속력을 c라고 하면 빛이 반투명 거울로부터 출발하여 다시 돌아오는 데 걸리는 시간은 총 거리를 빛의 속력으로 나누어 준 값인

$$2t_0 = \frac{2L}{c}$$

이 만족된다는 사실은 모든 독자들이 아주 쉽게 이해할 것입니다.

이제 지금까지 설명한 모든 장치들이 오른쪽으로 속력 u로 움직이는 경우를 생각해 봅니다(혹은 왼쪽으로 속력 u로 움직이는 관찰자가 같은 현상을 분석한다고 가정합니다). 이 상황은 〈그림 3.8〉에 설명되어 있습니다. 이러할 경우 수평으로 움직이는 빛은 거울이 오른쪽으로 이동하게 되어 정지해 있을 경우보다 좀 더 멀리 이동하게 됩니다. 이때 이동시간을 t_1이라고 하고, 반대로 반투명 거울에 돌아올 경우에는 반투명 거울이 오른쪽으로 이동하여 좀 짧게 이

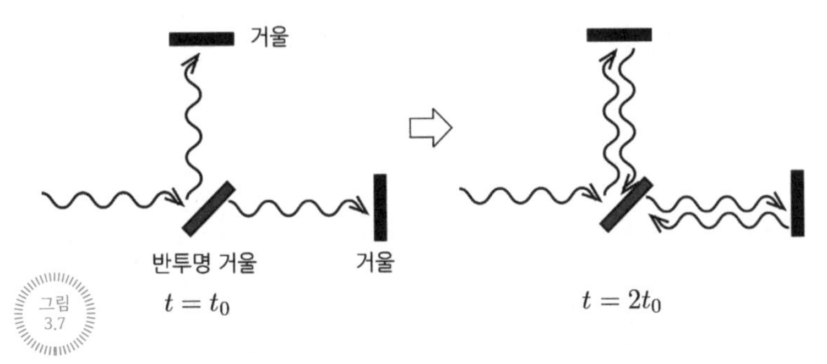

그림 3.7

왼쪽으로부터 빛이 45° 기울어져 있는 반투명 거울로 들어오게 되는 시간부터 반투명 거울로부터 각각 수직 및 수평 방향으로 거리 L만큼 떨어져 있는 거울에 도착하기까지 걸리는 상황이 왼쪽에 설명되어 있고 거울에 반사된 빛이 다시 반투명 거울에 도착하게 되는 상황이 오른쪽에 설명되어 있습니다.

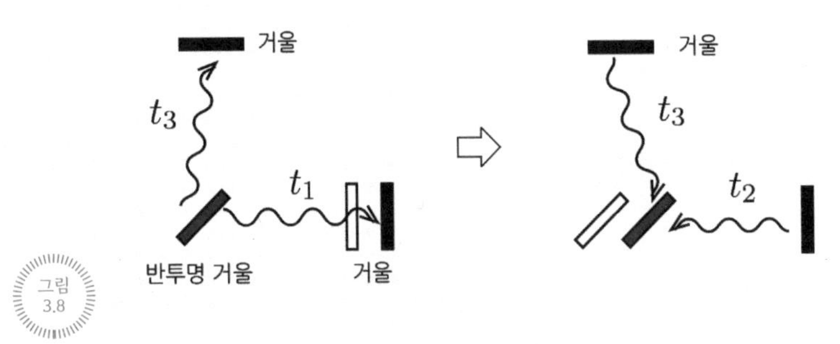

그림 3.8

〈그림 3.7〉과 같은 상황이나 모든 장치들이 오른쪽으로 속력 u로 움직이는 경우 혹은 왼쪽으로 속력 u로 움직이는 관찰자가 같은 현상을 분석한다고 가정했을 때의 상황. 수평으로 움직이는 빛은 거울이 오른쪽으로 이동하게 되어 정지해 있을 경우보다 좀 더 멀리 이동하게 되고, 이때 이동시간을 t_1, 그리고 반대로 반투명 거울에 돌아올 경우에는 반투명 거울이 오른쪽으로 이동하여 좀 짧게 이동하게 되고, 이때 이동시간을 t_2라고 하겠습니다. 반면 〈그림 3.7〉에서 수직으로 움직이던 빛은 약간 경사를 지고 반사되어 반투명 거울에 도달하게 되고, 이때 거울에 도착하고 다시 반투명 거울에 도달하는 시간을 각각 t_3라고 가정합니다. 그림에서 내부에 색을 칠하지 않은 (반투명) 거울은 거울이 처음의 위치에서 이동했다는 것을 강조하기 위하여 표시하였습니다.

동하게 되는데, 이때 이동시간을 t_2라고 하겠습니다. 반면 〈그림 3.7〉에서 수직으로 움직이던 빛은 약간 경사를 지고 반사되어 반투명 거울에 도달하게 되고, 이때 거울에 도착하고 다시 반투명 거울에 도달하는 시간을 각각 t_3라고 가정합니다. 이제 이러한 시간 t_1, t_2, t_3에 대하여 논의해 보겠습니다. 빛이 반투명 거울에서 수평으로 출발하여 거울에 도착하는 동안 거울도 오른쪽으로 이동하게 되어 시간 t_1, L, c, u 간의 관계는

$$ct_1 = L + ut_1$$

입니다. 즉 빛의 수평 거울까지의 이동거리는 원래의 거리 L에다가 빛이 이동하는 동안 거울이 이동한 거리 ut_1이 더해진다는 의미입니다. 별로 어렵지 않지요? 위의 관계를 정리하면

$$t_1 = \frac{L}{c-u}$$

이 되고 반대로 수평 거울에 반사된 후 반투명 거울까지 오는 동안 반투명 거울 또한 오른쪽으로 이동하게 되어 빛이 실제 이동하게 되는 거리는 그만큼 줄어들어 이제

$$ct_2 = L - ut_2$$

가 만족됨을 알 수 있습니다. 이에 따라 수평 방향으로 이동하는 빛의 총 이동시간은

$$t_1 + t_2 = \frac{L}{c-u} + \frac{L}{c+u} = \frac{2Lc}{c^2 - u^2} = \frac{2L/c}{1-(u/c)^2}$$

로 최종 계산됩니다. 자, 이제 수직으로 기울어져 이동하는 빛에 대하여 알아보겠습니다. 빛이 수직으로 이동하게 되는 동안(t_3) 거울도 이동하게 되어 관찰자는 빛이 기울어져서 이동하는 것으로 관찰할 것이고, 이때 빛의 이동거리, L, 반투명 거울 이동거리가 만드는 직각삼각형에 대한 피타고라스 정리를 사용하면

$$(ct_3)^2 = L^2 + ut_3^2, \qquad t_3 = \frac{L}{\sqrt{c^2 - u^2}}$$

이 성립할 것입니다. 즉 수직으로 이동하는 빛의 총 이동시간은 t_3의 두 배가 되어

$$2t_3 = \frac{2L/c}{\sqrt{1-(u/c)^2}}$$

이 됩니다. 독자 여러분, 잘 따라오고 있습니까? 곰곰이 생각해 보면 지금까지의 논의에서는 빛의 속력은 모든 좌표계에서 일정하다는 가정과 아주 간단한 산수만을 사용하고 있습니다(덧셈, 뺄셈, 곱셈, 나눗셈만 쓰고 있습니다). 계산에 따르면 전체 장치들이 오른

쪽으로 이동하는 경우에 대하여 수직 이동 빛과 수평 이동 빛의 이동시간을 비교하면 서로 같지 않은 계산값을 갖게 되어

$$2t_3 = \frac{2L/c}{\sqrt{1-(u/c)^2}} \neq t_1 + t_2 = \frac{2L/c}{1-(u/c)^2}$$

임을 알 수 있습니다. 어떻게 된 것일까요? 계산이 틀렸을까요? 아니면 두 시간이 같을 이유가 없는 것일까요? 두 시간은 일단 같아야 합니다. 지금 모든 장치들이 움직이고 있지만 수직과 수평으로 움직이는 시간은 하나의 좌표계에서 기술하고 있기 때문에 다를 이유가 없습니다. 그리고 더 중요한 사실은 위의 실험을 실제로 했더니 두 시간이 같은 것으로 측정되었다는 것입니다.*

이를 해결하기 위하여 길이 수축을 도입해 보겠습니다. 〈그림 3.8〉을 살펴보면 수평 길이 $L_\parallel$은 u와 평행하지만 수직 길이 $L_\perp$은 u에 수직임을 알 수 있습니다. u와 평행한 길이 L은 원래는 〈그림 3.7〉에서 도입된 길이로, 정지계에서의 길이로 해석할 수 있습니다. 만일 u와 평행한 길이 $L_\parallel$이 다음과 같은 관계식에 의하여

$$L_\parallel = L\sqrt{1-(u/c)^2}$$

* 위 실험은 마이컬슨-몰리 실험으로 알려져 있으며 1887년에 특수상대성이론이 만들어지기 전에 이미 수행되었습니다.

으로 수축을 하고 수직 길이는 수축을 하지 않아 $L_\perp = L$이라고 가정하면

$$2t_3 = \frac{2L_\perp/c}{\sqrt{1-(u/c)^2}} = t_1 + t_2 = \frac{2L_\parallel/c}{1-(u/c)^2} = \frac{2L/c}{\sqrt{1-(u/c)^2}}$$

로 두 빛의 이동시간은(t_1+t_2와 t_3) 같게 됩니다. 즉 **운동하는 좌표계에서의 운동 방향의 길이는 정지한 좌표계에서 관찰한 길이보다 줄어든다는 결과**를 얻게 되는 셈입니다.

그러면 시간 지연 현상은 어떻게 이해해야 할까요? 시간 지연 현상은 〈그림 3.7〉과 〈그림 3.8〉을 동시에 고려하면 알 수 있습니다. 두 경우 빛의 이동시간은

$$2t_0 = \frac{2L}{c} \neq 2t_3 = \frac{2L/c}{\sqrt{1-(u/c)^2}}$$

즉

$$t_3 = \frac{t_0}{\sqrt{1-(u/c)^2}}$$

가 되어 움직이는 시계(t_3)는 정지해 있는 시계(t_0)에 비해서 천천히 간다는 특수 상대성이론의 유명한 결과 중 하나를 살펴볼 수 있습니다. 어떻습니까? 지금까지 약 일곱 쪽에 걸쳐서 특수 상대성이론에서 가장 자주 이야기하는 길이 수축과 시간 지연 현상을 간단하게 알아보았습니다. 다시 한번 이야기하지만 빛의 속력은 모든

좌표계에서 동일하다는 가정과 간단한(?) 산수를 했을 뿐입니다. 따라서 저는 독자 여러분들께서 모두 잘 이해하였으리라 굳게 믿습니다!

특수 상대성이론에서 잘못 알려져 있는 사실 중 하나는 물체의 질량은 그 물체의 속력이 증가함에 따라 같이 증가한다는 주장입니다. 앞으로 이야기하겠지만 물체의 질량은 고유한 값을 갖고 있으며 물체가 쪼개지지 않는 한 변하지 않습니다. 물체의 속력이 늘어나면 그 물체가 가지는 총 에너지가 증가하고 그 증가하는 정도는 속력이 클수록 점점 느려지는데, 이를 잘못 해석하면 물체의 고유 질량이 늘어나는 것으로 이해하게 됩니다. 여러분들은 그러한 오류를 범하지 않아야 하겠습니다.

길이 수축과 시간 지연에 따른 또 다른 효과는 어떠한 것이 있을까요? 우선 뉴턴이 생각했던 시공간의 특성에 의하면 기차와 까마귀가 서로 반대 방향으로 움직이는 경우 기차의 속력이 v이고 까마귀의 속력이 w라면 기차에 타고 있는 관찰자가 측정하는 까마귀의 속력은 단순히

$$v + w$$

라고 이미 수식 (3.1)에서 언급한 바 있습니다. 하지만 길이 수축과 시간 지연을 예측하는 특수 상대성이론에 의하면

$$\frac{v+w}{1+vw/c^2}$$

로 수정되어야 합니다. 만일 까마귀의 속력이 빛의 속력보다 매우 작으면 분모에 있는 vw/c^2 항은 무시할 수 있어서 뉴턴의 경우로 다시 돌아올 수 있습니다. 즉, 우리 일상생활에서는 속력이 더해질 경우 특수 상대성이론의 효과를 알기는 어렵습니다. 반대로 이제 기차가 빛의 속력으로 움직인다면 위의 수식은

$$\frac{c+w}{1+w/c}=c$$

로서 까마귀의 속력은 빛의 속력이 됩니다. 만일 기차도 빛의 속력으로 움직이고 까마귀도 빛의 속력으로 날아간다면

$$\frac{c+c}{1+1}=c$$

로서 까마귀의 속력은 여전히 빛의 속력이 됩니다.

그래도 머리가 지끈지끈 아픈가요? 이제 특수 상대성이론의 결과 중 재미있는 사실 한 가지를 소개해 드리겠습니다. 빛의 속력이 모든 관찰자에게 동일하다는 사실과 균일한 속력으로 움직이는 물체는 그 움직이는 방향으로 수축한다는 특수 상대성이론의 결과는 때로는 재미있는 시각적 효과를 나타낼 수 있습니다. 제가 직접 계산한 것은 아니지만 "상대론적 자전거"를 탄 사람에게 보이는

그림 3.9

독일에 있는 튀빙겐 도시 중심의 사진. 위쪽 그림은 정지한 상황에서 찍은 사진으로 이해하면 되고 아래쪽 그림은 빛의 속력의 95%까지 움직이는 자전거에서 본 도시의 풍경을 계산한 것입니다.[18] 빛의 속력이 유한하다는 점, 이동 방향으로 길이가 수축한다는 점, 자전거에 탄 사람이 보는 풍경은 그 사람에 동시에 도달하는 빛이 만들어 내는 영상이라는 점을 모두 고려하여 계산한 결과로 이해하면 되겠습니다.

길거리 풍경에 대한 예가 〈그림 3.9〉에 나타나 있습니다.[18] 위쪽 그림은 독일에 있는 튀빙겐 도시 중심의 사진입니다. 저는 가 본 적이 없는 도시이지만 일단 사진으로만 보아도 유럽의 도시라는 느낌이 많이 옵니다. 아래쪽 그림은 만일 빛의 속력의 95%까지 움직이는 자전거를 타고 달리면 도시의 풍경이 어떻게 보일것인가에 대한 컴퓨터 계산 결과입니다. 빛의 속력이 유한하다는 점, 이동 방향으로 길이가 수축한다는 점, 자전거에 탄 사람이 보는 풍경은 그 사람에 동시에 도달하는 빛이 만들어 내는 영상이라는 점을 모두 고려하여 계산한 결과로 이해하면 되겠습니다. 흥미롭지요? 지끈지끈한 머리는 다 나았지만 자전거를 타서 어지러운가요? 자, 그렇다면 이제 일반 상대성이론에 대하여 논의를 시작하겠습니다.

4 일반 상대성이론과 시공간 — 아주 특별한 중력

특수 상대성이론은 여러 번 강조한 바와 같이 일정한 속력으로 움직이는 두 관찰자에 대한 이야기로 이해할 수 있었습니다. 그렇지만 일반 상대성이론은 아인슈타인이 특수 상대성이론을 완성한 직후 일정한 속력이 아닌 경우에는 어떻게 설명을 해야 하는가를 고민하는 것에서 출발하였습니다. 좀 더 구체적으로 말하자면 아인슈타인은 자연의 법칙이 왜 특정한 좌표계(일정한 속력으로 움직이는 계)에서만 논의되어야 하는가에 대하여 깊이 고민하고, 그렇지 않은 좌표계에서는 어떤 식으로 이론이 전개되어야 하는가에 대한 질문으로 생각을 이어 나갔습니다.

이에 대해서는 궁극적으로 중력에 대한 좀 더 자세한 논의가 필요합니다. 4장에 포함될 전자기학 논의에서 잠깐 이야기할 전기장에 대하여 우선 미리 이야기를 해 보겠습니다. 만일 전기장이 공간에 있다면 이 공간에 있는 전기전하는 힘을 받게 되고 그 힘의 크기는

$$\text{전기전하가 받는 힘} = (\text{전기장}) \times (\text{전기전하의 값})$$

으로 쓸 수 있습니다. 여기서 중요한 점은 전기장의 변화는 순간적으로 전달되지 않고 빛의 속력으로 전파되고 전기전하에 전달된다는 점입니다. 그렇지만 뉴턴의 중력이론에 의하면 중력은 원거리 작용으로 순간적으로 전달되고 "장"의 개념 또한 존재하지 않았습니다. 하지만 이제부터 중력에도 중력장이 존재한다고 생각해 보겠습니다. 그렇다면 중력과 중력장의 관계는

$$\text{중력} = (\text{중력질량}) \times (\text{중력장})$$

으로 이해할 수 있을 것입니다. 여기서 중력질량이라는 단어에 주목하기 바랍니다. 중력질량은 중력과 중력장을 연결시켜 주는 상

수로 이해할 수 있을 것입니다. 그러면 중력질량 말고 또 다른 질량이 있을까요? 네, 그렇습니다. 중력과 아무런 관계 없이 물체에 미치는 힘을 그 물체가 받는 가속도와 연결시켜 주는 상수를 또한 질량이라고 부릅니다.* 좀 더 엄밀히 이야기하면 이 질량은 관성질량이라고 부르고 뉴턴의 제2법칙인 힘과 가속도의 관계를 쓰면

$$\text{힘} = (\text{관성질량}) \times (\text{가속도}) \tag{3.3}$$

가 될 것입니다. 이제 중력이 물체에 작용하여 가속한다면 중력과 힘이 같아져서

$$\text{가속도} = \frac{(\text{중력질량})}{(\text{관성질량})} \times (\text{중력장}) \tag{3.4}$$

의 관계가 성립하게 됩니다.

이제 우리의 경험에서 알 수 있듯이, 동일한 중력을 받는 물체의 성질이나 상태에 관계없이 가속도가 일정하려면 중력질량과 관성질량의 비율은 모든 물체에 대하여 일정해야 합니다. 위의 수식을 이루는 단위를 적절히 선택하면 두 질량 비율을 정확하게 1로 할 수 있어서 물체의 중력질량과 관성질량은 같다는 법칙을 세울 수

* 중·고등학교 물리 교과서에 나와 있는 $F = ma$의 m을 말하고 있습니다.

있습니다. 이 결과는 앞으로 계속 이야기하게 될 일반 상대성이론과 밀접한 관계가 있습니다.

이제 우주의 텅 빈 공간에 지구도 없고 태양도 없어서 중력장이 없는 상황을 생각합니다. 이곳에 상자 하나가 정지해 있고 그 상자 안에 사람이 있다고 가정하겠습니다. 상자 안에 있는 사람은 무중력 상태에 있어서 상자 안에 가만히 서 있으려면 다리를 바닥에 고정시켜야 하겠죠? 이제 〈그림 3.10〉의 왼쪽 상황과 같이 이 상자의 윗부분을 누군가 일정한 가속도로 잡아당기는 경우를 생각합니다. 상자 안의 사람은 가속도를 느끼게 될 것입니다. 이제 두 번째 상황을 생각해 보겠습니다. 같은 상자 내부에 사람이 있지만 이제 이 상자는 〈그림 3.10〉의 오른쪽 상황과 같이 지표면 위에 놓여 있습니다. 만일 첫 번째 상황에서 위로 당기는 가속도가 오른쪽 상황에서 지구가 만들어 내는 중력장과 같다면(수식 (3.4)) 눈을 감고 있는 상자 안 사람은 두 개의 상황 중 자신이 어떠한 처지에 있는지 알 수 있을까요? 지금까지의 논의에 의하면 알 수 없습니다. 즉, 두 개의 서로 다른 상황이 사실은 동등하다는 뜻이고 이를 등가원리라고도 부릅니다.

이를 바탕으로 일반 상대성이론에서 늘 이야기하는 '공간이 휘어진다'는 것을 이해해 보겠습니다. 앞에서 논의한 〈그림 3.10〉의 상황을 다시 생각해 보겠습니다. 다만 이제는 사람이 없고 빛이 왼쪽에서 오른쪽으로 진행하는 경우를 생각합니다. 왼쪽의 경우 가속도로 움직이는 상자로 인하여 먼저 출발한 빛은 상대적으로 더 아래쪽으로 이동하고, 나중에 출발한 빛은 상대적으로 덜 아래쪽으로 이동하여 빛의 경로는 아래쪽으로 휘어지게 됩니다. 그리고 가속 운동을 하는 상자와 정지한 상자에 그 가속에 해당되는 중력이 작용하는 것은 동등하다고 앞에서 논의한 바 있기 때문에 〈그림 3.11〉과 같이 오른쪽 상자의 빛 경로도 역시 휘어지게 됩니다. 즉, 질량이 있는 근처의 공간이 휘어져 있어서 빛도 휘어지게 된다는 의미로 해석됩니다. 어떻습니까? 그럴싸해 보이나요? 만일 이 논의가 사실이라면 태양 주위의 공간도 당연히 휘어 있어서 일식 때 먼 거리에 있는 별에서 오는 빛이 휘어지는 효과를 관측할 수 있어야 합니다. 일반 상대성이론에 의하면 태양을 지나는 빛은 약 1.7각초(1장에서 이야기한 바와 같이 1각초 = 1/3600°, 약 20미터 떨어진 곳에 있는 머리카락이 만드는 매우 작은 각도) 정도 휘어지는 것으로 예측되고, 이는 1919년 5월 29일 일식 때 처음으로 관측되었습니다.*

이제 특수 상대성이론과 일반 상대성이론을 동시에 고려해야 하

* 이 관측은 영국 왕립협회와 영국 왕립천문학협회에서 주관한 두 탐험대의 관측에 의하여 진행되었습니다. 당시 영국은 1차 세계대전을 치른 직후라 경제적으로나 심리적으로나 매우 어려운 상황이었지만 영국 최고의 천문학자들을 브라질과 아프리카 서부로 보내어 관측을 진행하였습니다. 영국이라는 나라가 당시 기초과학을 얼마나 소중하게 여기고 있었는지 잘 알 수 있는 이야기입니다.[15] 대한민국에 살고 있는 저로서는 이러한 사실이 그저 부러울 뿐입니다.

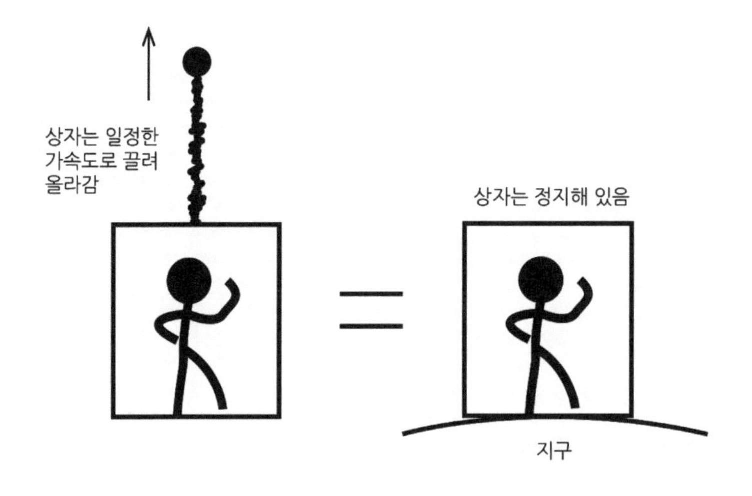

상자 안에 사람이 서 있는 상황. 왼쪽 그림은 우주의 텅 빈 공간에서 위쪽으로 일정한 가속도로 끌려가는 경우이고, 오른쪽 그림은 상자가 지표면 위에 정지한 채로 놓여 있는 경우를 나타내고 있습니다.

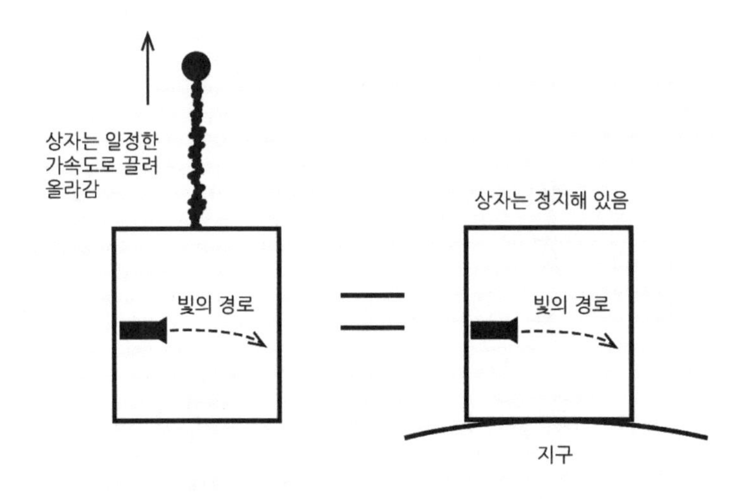

상자 왼쪽에서 오른쪽 수평 방향으로 빛이 진행하는 상황. 왼쪽 그림은 우주의 텅 빈 공간에서 상자가 위쪽으로 일정한 가속도로 끌려가는 경우이고, 이때 가속에 의하여 빛이 휘어지게 됩니다. 오른쪽 그림은 상자가 지표면 위에 정지한 채로 놓여 있는 경우를 나타내고, 등가원리에 의해 왼쪽과 결과가 동일하게 됩니다.

는 경우에 대한 예를 한 가지 들어 보겠습니다. 여러분들이 가지고 다니는 휴대폰에는 여러분들의 위치를 실시간으로 알 수 있게 해 주는 범지구위치결정시스템이라는 것이 있습니다. 일명 지피에스(GPS)라고도 합니다.* 우선 인공위성은 여러분들의 휴대폰과는 달리 높은 곳에서 빠르게 움직이고 있습니다. 속력은 인공위성마다 다르지만 평균적으로 대략 초당 4,000미터 정도 움직인다고 보면 되겠습니다. 특수 상대성이론에 따르면 움직이는 시계는 느리게 간다고 하고, 계산에 의하면 이 효과에 의하여 GPS 신호를 보정해 주어야 합니다. 그 크기는 대략 하루에 -0.000007초 정도라고 하며 여기서 음수의 의미는 시간이 느리게 흐른다는 이야기입니다. 매우 작지요?

이제 일반 상대성이론을 생각해 보겠습니다. 지구의 중심에서 상대적으로 휴대폰보다 더 멀리 떨어져 있는 인공위성에는 지구가 만들어 내는 중력장도 크기가 작아서 약 지표면의 1/4 수준입니다. 중력장의 크기가 작으면 시간은 어떻게 흐를까요? 이를 알아보기 위하여 〈그림 3.12〉와 같은 예를 생각해 보겠습니다. 원판의 중심과 끝자락에 시계를 갖다 놓고 원판 중심을 기준으로 원판을 회전시키는 경우를 생각해 봅니다. 만일 원판 끝자락에 사람이 있다면 원심력을 받아 원 바깥쪽으로 가속력을 느끼게 되어 중력

* Global Positioning System이라고 부르며 지구를 돌고 있는 인공위성에서 받은 전파 신호를 바탕으로 위치를 계산하는 장치입니다.

장이 있다고 느낄 것입니다. 만일 원판 외부에 관찰자가 있다면 원판 중심의 시계는 움직이지 않지만 원판 끝자락에 있는 시계는 움직이기 때문에 원판 끝자락에 있는 시계가 상대적으로 느리게 간다고 관측할 것입니다. 이를 바탕으로 중력이 있는 곳에서의 시계는 더 느리게 간다고 결론 내릴 수 있습니다.* 따라서 중력이 약한 곳에 위치한 인공위성의 시계가 상대적으로 더 빠르게 가서 이번에는 양수의 보정이 필요합니다. 일반 상대성이론의 계산에 의하면 이 보정값은 하루에 +0.000045초 정도입니다. 놀라운 사실은 일반 상대성이론에 의한 효과가 더 크다는 사실입니다.

결론적으로 우리 휴대폰에 있는 GPS 장치는 하루에 +0.000038초의 보정이 필요하고 이는 지구 지상에서 대략 9미터의 위치 분해능을 얻기 위해서 0.0000003초의 시간 분해능이 필요하다는 사실에 비추어 보아 결코 무시할 수 없는 보정입니다.**

일반 상대성이론은 1장에서 간단하게 언급한 바와 같이 아인슈타인의 장방정식으로 기술되고, 1장에서 소개했듯이 장방정식을 개념적으로 나타내면

* 물론 이러한 결론은 특수 상대성을 이용하여 느리게 또는 빠르게 간다는 사실을 알기 위해 예를 든 것이고, 느리게 가는 정도를 알고 싶으면 실제로 일반 상대성이론을 바탕으로 약간의 계산을 해야 합니다.

** 빛의 속력이 초당 300,000,000미터이므로 300,000,000m/s×0.0000003s~9미터로 계산됩니다.

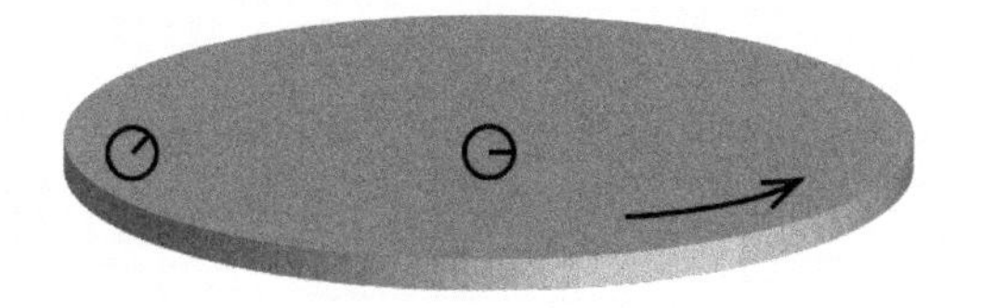

원판의 중심 및 끝자락에 시계가 올려져 있고 이 원판이 중심을 기준으로 회전하는 경우의 상황. 원판의 끝자락에 있는 시계가 더 느리게 움직이고, 이는 중력장이 있는 곳에서 시계가 더 느리게 간다는 해석을 가능하게 합니다.

그림으로 나타낸 아인슈타인의 장방정식. 왼쪽 항은 시공간의 휘어진 형태이고 오른쪽 항은 빛, 질량과 같은 에너지를 나타내고 있습니다.

(시공간이 휘어진 정도) = (모든 에너지 형태)

로 기술할 수 있습니다. 이제 이 개념적 표현을 좀 더 설명하고자 합니다. 왼쪽 항의 "시공간이 휘어진 정도"는 좀 더 정확하게 표현하면 시공간이 휘어진 곡률로 나타낼 수 있습니다. 여기서 곡률이라 함은 시공간이 휘어진 정도에 대한 정량적 지표로 생각할 수 있으며, 예를 들어 축구공과 같은 구면의 곡률은 1/(반경)^{2}입니다. 여러분들은 싫어하겠지만 수학적으로 조금 더 정확하게 이야기하면 시공간을 두 번 미분한 값입니다. 시공간을 두 번 미분하는 방법에는 여러 가지가 있어서(세 가지의 공간으로 미분하거나 시간으로 미분 가능) 위 수식의 왼쪽 항에는 사실 총 10개의 독립적인 항들이 있습니다.

이제 오른쪽 항을 살펴볼까요? 오른쪽 항은 "시공간을 휘게 하는 모든 에너지 형태"로 나타나 있습니다. 아인슈타인의 일반 상대성이론을 이야기할 때 중력이 공간을 휘게 한다는 이야기를 했었는데 그러면 다른 방법으로도 공간을 휘게 할 수 있다는 이야기인지 궁금해하는 독자분들도 있겠지요? 네, 답은 그렇다는 것입니다. 아인슈타인의 장방정식에 따르면 비록 방식은 달라지지만 모든 에너지 형태는 시공간을 휘게 합니다. 따라서 질량뿐 아니라 심지어 빛도 원칙적으로 공간을 휘게 할 수 있습니다.

나중에 좀 더 이야기하겠지만 우주 초기의 전체 에너지 밀도는 빛에 의한 밀도가 대부분이었고 질량이 주는 에너지 밀도는 무시할 수 있을 정도로 매우 작았습니다. 오늘날 우리 우주의 공간을 휘게 할 수 있는 에너지 형태는 질량, 빛, 암흑물질, 암흑에너지*로 현재까지는 총 네 가지의 에너지 형태가 알려져 있습니다. 왼쪽 항은 시공간이 휘어진 정도를 나타내고 오른쪽 항은 시공간을 휘게 하는 모든 에너지 형태를 표현하는 아인슈타인의 장방정식을 수식으로 나타내면 매우 복잡하지만, 사실은 개념적으로 〈그림 3.13〉처럼 간단하게 나타낼 수 있습니다. 어렵지 않죠?

* 암흑물질과 암흑에너지라는 에너지 형태에 대해서는 차차 이야기를 진행하도록 하겠습니다.

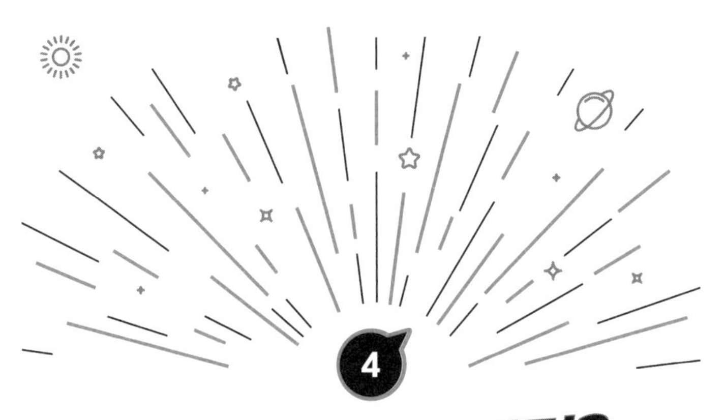

쪼개고 또 쪼개면?

1 가장 작은 알갱이

여러분들은 우리를 둘러싸고 있는 건물, 흙, 책상 등의 다양한 물질들이 원소라는 기본 단위로 구성되어 있다고 배웠을 것입니다. 이러한 생각은 이미 기원전 고대 그리스, 이집트, 바빌로니아, 중국 등에서 모든 물질은 흙, 불, 물, 공기로 이루어져 있다는 생각으로 출발하였고, 원소라는 개념은 철학자 데모크리토스(Democritos)에 의해 만들어졌습니다. 데모크리토스는 모든 물질은 더 이상 쪼갤 수 없고 영원히 존재하는 "원소"로 이루어져 있다고 이야기했습니다. 이후 이러한 생각은 역사가 진행됨에 따라 계속 발전하여 19세기 들어 본격적으로 연구되기 시작합니다. 현대

화학의 아버지로 알려져 있는 존 돌턴(John Dalton)은

- 모든 물질은 원소라고 부르는 매우 작은 입자 알갱이로 구성되어 있다.
- 같은 원소는 크기, 질량 및 모든 성질이 동일하다.
- 원소는 쪼갤 수 없고, 새롭게 만들거나 없앨 수 없다.
- 다른 종류의 원소들은 서로 합쳐져 새로운 화합물을 만든다.
- 화학 반응에서 원소들은 합쳐지거나 분리되거나 재정렬된다.

라는 이론을 제안합니다. 이러한 노력을 시작으로 새로운 원소들이 발견되었고 그 특성에 따라 원소들을 정리하는 작업이 있었으며 그 결과가 바로 주기율표입니다. 주기율표에 나오는 첫 세 개의 원소는 여러분들이 고등학교 때 배운 것처럼 수소, 헬륨, 리튬입니다. 이 중 수소는 우주 전체를 통틀어 가장 많이 존재하는 원소(약 75%)입니다.* 수소의 구조를 잠깐 살펴보면 수소 원자의 중심에는 전기전하가 양의 값을 가진 원자핵이 있고 그 원자핵 주위에 음의 전기전하를 띤 전자**가 존재합니다. 원자가 이러한 구조를 가진다

---

* 한 가지 여기서 주의할 점은 우주를 이루는 모든 물질 –암흑물질 및 암흑에너지– 중 75%라는 이야기는 아니고 우리가 알고 있는 보통의 물질(주기율표에 나오는 물질) 중 75%라는 의미입니다.

** 전자 전기전하의 값을 $-1e^-$라고 앞으로 표기하겠습니다. 따라서 양성자 전기전하의 값은 $+1e^-$가 될 것입니다.

는 것을 알게 된 중요한 실험은 1911년 영국의 핵물리학자 어니스트 러더퍼드에 의해 진행되었습니다. 러더퍼드는 얇은 금속판에 헬륨 원자핵을 충돌시키는 산란 실험을 통하여 헬륨 원자핵이 예상과 달리 아주 가끔씩만 되튕겨 나온다는 사실을 밝혀냈습니다. 또한 이를 통하여 원자는 양의 전하가 원자 전체에 분포하고 전자들이 그 공간에 하나씩 위치하는 방식이 아니라 중심에 양의 전하를 띤 원자핵이 모여 있음을 밝혔습니다.[19] 러더퍼드는 이 실험을 통하여 또한 원자핵은 10^{-14}미터보다 작아야 한다는 사실까지 보였습니다. 보통 우리 사람의 머리카락이 10^{-5}미터 수준임을 감안할 때 원자핵의 크기는 육안으로는 말할 것도 없고 현미경으로도 볼 수 없는 매우 작은 크기입니다.*

그렇다면 과연 러더퍼드는 어떻게 원자핵의 크기를 측정했을까요? 이는 〈그림 4.1〉에서 정성적으로 확인할 수 있습니다. 크기를 알 수 없는 입자가 고정되어 있다고 가정하고 이 입자에 크기를 무시할 수 있는 입자의 다발을 충돌시키는 산란 실험을 생각해 보겠습니다. 이 실험에서 산란된 입자들은 주위에 설치한 검출기로 공간적 분포를 측정할 수 있다고 가정합니다. 그림에서 나타나듯이 고정된 입자의 크기에 따라 산란되는 입자의 공간 분포가 달라지고 이를 통하여 입자의 크기를 측정할 수 있게 되는 셈입니다. 이

* 이는 마치 축구장 크기의 원자 내부에서 모래알 크기의 원자핵을 찾는 것과 같습니다.

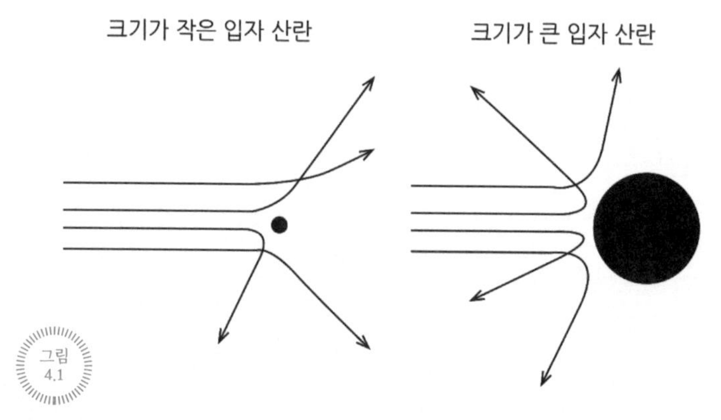

그림 4.1

입자의 충돌 방식과 크기와의 관계. 서로 크기가 다른 두 입자가 고정되어 있고 왼쪽에서 크기를 무시할 수 있는 입자들이 고정된 입자에 충돌하는 경우를 생각합니다. 입자의 크기가 크면 클수록 고각으로 튕겨 나가는 입자들이 많고, 상대적으로 크기가 작으면 그렇지 않습니다. 이를 바탕으로 고정된 입자의 크기를 유추할 수 있습니다.

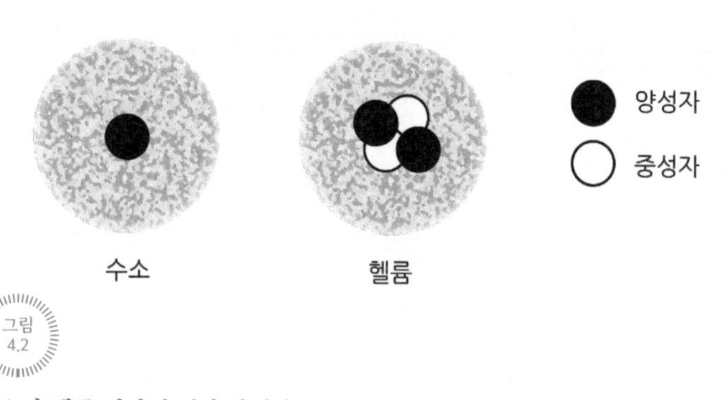

그림 4.2

수소와 헬륨 원자에 대한 양성자, 중성자, 전자의 분포. 검은색 알갱이는 양성자, 같은 크기의 흰색 알갱이는 중성자를 나타내고 있습니다. 양자역학에 따르면 전자의 위치는 확률적으로만 알 수 있어서 회색으로 분포를 나타냈습니다. 헬륨의 경우에는 중성자가 한 개만 있는 동위원소도 있으나 여기에서는 자연에 가장 많이 존재하는 경우만 나타냅니다(헬륨-4라고 부름). 사실 수소의 경우에도 중수소 및 삼중수소가 존재합니다.

러한 원리를 통하여 현대 입자물리학 실험에서도 기본 입자의 크기를 측정하려는 노력을 계속 진행하고 있습니다.

수소의 원자핵은 한편으로는 양성자 입자로 알려져 있습니다. 전자와 양성자는 전기전하가 서로 반대이고 양성자가 전자보다 약 2,000배 더 무겁습니다. 전기전하가 서로 반대인 양성자와 전자는 서로 이끌리는 전기력에 의하여 공간에 모여 있지만 서로 완전히 만나지는 않는데, 이는 나중에 이야기할 양자역학으로 설명됩니다.

수소와 다른 화학적 성질을 가진 헬륨은 그 중심에 양성자가 두 개 모여 있고 그 주위에 전자 두 개가 위치하고 있습니다. 수소 원자와 다른 점은 헬륨 원자핵에는 양성자 두 개뿐 아니라 양성자와 질량이 비슷하지만 전기적 전하가 없는 중성자가 두 개 더 있다는 점입니다. 양성자 두 개는 전기전하가 양의 값으로 전기력에 의해 서로 밀치는 힘을 받게 되고, 중성자는 전기전하가 없기 때문에 양성자와 중성자 모두 전기력을 고려한다면 특별히 헬륨 원자핵 내부에 덩어리로 있을 이유는 없습니다.* 양성자와 중성자를 합쳐서 핵자라고 부르는데, 핵자들이 원자핵 내부에 뭉쳐 있는 이유는 핵자들 간에는 강력(또는 강한 상호작용)이 작용하여 이들을 원자핵

* 독자 여러분 중에 양성자는 질량을 갖고 있어서 서로 이끌리는 중력이 있을 것이라고 생각하는 분들도 있으리라 생각합니다. 나중에 좀 더 자세하게 이야기하겠지만 양성자에 작용하는 중력은 전기력에 비하여 매우 작은 크기로, 무시할 수 있습니다.

내부에 속박시키기 때문입니다. 강한 상호작용과 더불어 자연에 존재하는 네 가지의 힘에 대해서는 앞으로 좀 더 자세하게 다루어 보겠습니다.

다시 원자의 구조로 돌아와서 수소와 헬륨 구조에 대한 간략한 개념을 〈그림 4.2〉에 나타내 보았습니다. 수소는 중심에 양성자 한 개, 헬륨은 원자핵 내부에 양성자와 중성자가 각각 두 개씩 뭉쳐 있고 주위에 전자들이 위치하고 있는 구조입니다. 전자를 포함한 원자 한 개의 크기는 약 10^{-10}미터로 알려져 있으며 아까 언급한 바와 같이 원자핵의 크기는 원자보다 약 10만 배 정도 작아서 10^{-15}미터로 측정되고 있습니다. 사실 이러한 원자모형이 내포하는 의미는 좀 이상합니다. 예를 들어 수소 원자의 경우 원자의 거의 모든 질량은 중심에 모여 있지만 원자의 크기는 10만 배 더 큰 반경으로 형성이 된다는 의미이고, 이는 원자의 대부분은 텅 비어 있는 것으로 해석됩니다. 이는 우리 몸, 책상 등 모든 물질을 잘 들여다보면 거의 텅 비어 있는 상황으로 이해해야 한다는 뜻인데, 쉽게 받아들여지지 않습니다. 이는 양자역학과 관계있고, 추후에 자세하게 설명드리겠습니다. 아무튼, 이러한 원자모형이 제안된 이후 현대 화학은 황금기를 맞이하여 많은 종류의 원소들이 발견되었고 오늘날 주기율표에는 100개 이상의 서로 다른 원소가 나열되어 있습니다.

주기율표를 다루었던 화학자들과는 달리 물리학자들은 원소가 과연 물질을 이루는 기본 단위인지를 고민하였습니다. 20세기 초까지는 전자와 양성자가 알려져 있었고 이 두 입자는 더 이상 쪼갤 수 없는 기본 입자 또는 소립자(素粒子)로 알려져 있었습니다. 이 두 입자는 스스로 회전을 하는 기본 입자로서, 특히 1/2 단위의 회전속력을 갖고 돌고 있다고 당시 생각되었고 전자와 양성자는 영어 알파벳으로 나타내어 각각 e^-, p로 표현합니다(가끔은 전기전하까지 표시하여 p^+로 하기도 함). 1931년에는 앞에서 헬륨 구조를 이야기할 때 설명한 중성자가 처음으로 발견되어 기본 입자는 전자, 양성자, 중성자(n)로 늘어났습니다.

그런데 놀랍게도 그 이듬해에는 음의 전하를 갖는 전자와 모든 성질이 동일하지만 전기전하가 양의 전하를 갖는 입자가 발견되었습니다. 이 새로운 입자는 반전자 또는 양전자라고 부릅니다. 이 중요한 발견의 의미는 바로 인식되지는 못했지만, 이는 후에 모든 기본 입자에는 전기전하만 반대이고 다른 모든 성질은 완전히 동일한 반입자가 있다는 놀라운 사실의 발견에 대한 시작이었습니다. 반입자는 보통 부호를 바꾸거나 입자를 나타내는 기호 위에 수평선을 표기하여 나타냅니다. 따라서 이제 기본 입자는 $e^{\pm}$, p, $\overline{p}$, n, $\overline{n}$으로 여섯 개나 되었습니다. 기본 입자를 연구하는 입자물리학 분야에서 놀라운 발견은 계속됩니다. 1936년에는 전자와 그 모든 성질이 같지만 단지 질량이 다른 입자 뮤온($\mu^{\pm}$)이 발견됩니다. 이 뮤온은 전자보다 약 200배 무거운 입자로 판명되었습니다.

입자물리학 이론 분야에서는 핵자들을 원자핵 내부에 속박시키는 강한 상호작용에 대한 연구가 진행되어 대략 뮤온과 비슷한 질량을 갖는 새로운 입자가 있어야 함을 예측하였습니다.* 1947년에 이르러 이론 예측이 그 결실을 보아 강한 상호작용을 매개하는 입자로 전기전하를 띤 파이온($\pi^{\pm}$)이 발견되었고** 이후 가속기 기술이 지속적으로 발전함에 따라 새로운 입자들이 계속 발견되어 K^{+}, π^{0}, Λ^{0}, K^{0}라고 이름을 붙이게 되었습니다. 이 새로운 입자들이 모두 더 이상 쪼갤 수 없는 기본 입자일까요? 그 당시에도 물리학에서는 그러한 생각을 이미 접은 상황이었는데, 그 이유는 발견된 많은 입자들이 아주 짧은 순간만 존재하다가 좀 더 가벼운 다른 입자들로 붕괴한다는 사실을 알아냈기 때문입니다.***

여기서 잠시 평균수명이라는 개념에 대하여 정확하게 설명드리겠습니다. 어떠한 입자가 붕괴하는 현상은 사실 양자역학적 현상으로, 확률 개념이 도입되어야 합니다. 예를 들어 평균수명이 1초인 입자가 100개 만들어졌다고 가정하면 1초 후에 100개의 입자가 모두 동시에 붕괴하는 것이 아닙니다. 어떤 입자는 1초보다 더 빨리 붕괴하고 다른 입자들은 훨씬 후에 붕괴합니다. 이에 따라 붕괴시간의 분포는 확률을 따르게 됩니다. 이를 굳이 수학적으로 표현

* 이는 일본의 이론물리학자 유카와에 의하여 예측되었습니다. 사실 당시에는 1936년에 발견된 뮤온이 예측된 입자라고 생각되었고 약 10여 년이 지나서야 뮤온은 강한 상호작용과는 관계없는 입자로 판명이 났습니다.

** 이후 좀 더 자세한 연구에 의하여 강한 상호작용을 매개하는 기본 입자는 글루온(gluon)으로 밝혀졌습니다.

*** 예를 들어 K^{0} 입자의 경우 두 개의 파이온으로 붕괴하는데, 그 평균수명은 겨우 10^{-10}초밖에 안 됩니다.

하면 지수함수로 나타내어

$$N(t) = N(0) \exp(-t/\tau)$$

가 됩니다. 여기서 $N(0)$는 초기 입자의 개수, $N(t)$는 시간이 t만큼 흐른 후 살아남아 있는 입자의 개수, τ는 입자의 평균수명입니다. 따라서 통계적으로 보면 τ가 크면 클수록 일정 시간이 지난 후 살아 있는 입자의 수가 더 많지만 단일 입자 하나에 대해서는 확률적 해석 이외에는 할 수가 없습니다.

이후 가속기 기술이 진보함에 따라 새로운 입자들이 속속 발견되었습니다. 당시 발견된 입자들의 일부가 〈표 4.1〉에 나타나 있습니다.[20] 어떻습니까? 이 모든 입자들이 기본 입자들이라는 생각은 독자들도 하지 않겠지요? 어떻게 생각해 보면 기본 입자들이라기보다는 일종의 새로운 현대판 주기율표를 보고 있는 것처럼 보이기도 하고 입자들의 동물원을 보고 있는 듯하기도 합니다.

위의 사실과 더불어, 19세기에 돌턴이 이야기한 것처럼, 원소는 쪼갤 수 없다는 사실은 20세기 들어서 실험적인 검증을 거치게 됩니다. 이 실험은 전자를 매우 높은 에너지로 가속시킨 다음 이를 양성자에 충돌시키는 방법으로 진행되었습니다. 2,000배나 더 무거운 양성자에 충돌되는 전자는 튕겨져 나가는데, 그 튕겨져 나가는 방식은 기본적으로 〈그림 4.1〉에 설명된 것처럼 진행될 것입니다. 그런데 만일 양성자가 반경이 10^{-15}미터인 알갱이가 아니라

1900년대 중반까지 발견된 입자들의 일부를 나열한 표. 질량은 양성자의 질량을 1로 놓고 계산한 값이고 전기전하는 전자전하의 절댓값을 1e⁻로 정했을 때의 값입니다. 입자가 하도 많아서 그리스 알파벳도 쓰고 (*, ′) 등도 사용한 점이 당시 혼란스러웠던 상황을 잘 나타내고 있습니다.

입자 기호	상대질량	전기전하(e^-)	회전 속력	평균수명
p	1	+1	1/2	$> 10^{32}$ 년
n	1.001	0	1/2	880 초
Λ	1.189	0	1/2	2.6×10^{-10} 초
Σ^+	1.268	+1	1/2	0.8×10^{-10} 초
Σ^0	1.271	0	1/2	7.4×10^{-20} 초
Σ^-	1.276	-1	1/2	1.5×10^{-10} 초
$\Delta(1232)$	1.311-1.315	-1,0,1,2	3/2	$3.6 - 4.0 \times 10^{-10}$ 초
Ξ^0	1.401	0	1/2	2.9×10^{-10} 초
Ξ^-	1.409	0	1/2	1.6×10^{-10} 초
$\Sigma(1385)$	1.473-1.478	-1,0,+1	3/2	$11 - 15 \times 10^{-10}$ 초
π^0	0.144	0	0	8.5×10^{-17} 초
$\pi^\pm$	0.149	-1,1	0	2.6×10^{-8} 초
$K^\pm$	0.526	-1,1	0	1.2×10^{-8} 초
K_L^0	0.530	0	0	5.1×10^{-8} 초
K_S^0	0.530	0	0	0.9×10^{-10} 초
η	0.584	0	0	$3.5 - 4.2 \times 10^{-19}$ 초
$\rho(770)$	0.826	-1,0,1	1	3.0×10^{-24} 초
$\omega(782)$	0.834	0	1	54×10^{-24} 초
$K^*(892)$	0.950-0.955	1	1	$8.9 - 9.3 \times 10^{-24}$ 초
η'	1.021	0	0	$2.1 - 2.5 \times 10^{-21}$ 초
⋮	⋮	⋮	⋮	⋮

내부에 구조를 가지고 있다면, 입사하는 전자의 에너지가 높아짐에 따라 상황은 조금씩 달라지게 됩니다. 이에 대한 상황이 〈그림 4.3〉에 설명되어 있습니다. 전자의 에너지가 높을 때만 이런 현상이 일어나는 이유는 무엇일까요? 양자역학에 의하면 입자도 파동의 성질을 갖고 있습니다. 그리고 파동의 에너지는 1장에서 이야기했던 파장과 관계있습니다. 좀 더 구체적으로 이야기하면

$$\text{파동의 에너지} \propto \frac{1}{\text{파장}}$$

으로, 즉 파장이 짧을수록 에너지가 더 높다는 뜻이고 파장이 짧으면 그 짧은 파장만큼 더 작은 구조를 볼 수 있게 됩니다. 1968년에 미국 캘리포니아주에 위치한 스탠퍼드 선형가속기연구소에서 고에너지 전자를 고정된 양성자에 충돌시키는 실험이 있었습니다.[21] 이때 전자의 에너지는 그 질량의 2만 배나 더 높게 가속되었습니다.* 이 에너지는 파장으로 환산하면 양성자 크기보다 약 열 배 작은 10^{-16}미터 정도로 계산됩니다. 이 스탠퍼드 실험 결과에 의하면 양성자는 내부 구조를 갖는 것으로 판명되었습니다. 즉, 양성자는

* 아인슈타인의 유명한 에너지-질량 공식 $E = mc^2$에 의하면 질량은 에너지로 생각할 수 있습니다. 여기서 c는 빛의 속력입니다. 사실 이 유명한 수식의 정확한 해석은 질량을 가진 입자가 정지해 있을 경우 그 입자의 에너지가 mc^2라는 의미이지만 너무나 유명해진 수식이라 에너지-질량 공식으로 이해해도 무방하겠습니다.

내부 구조가 없는 경우

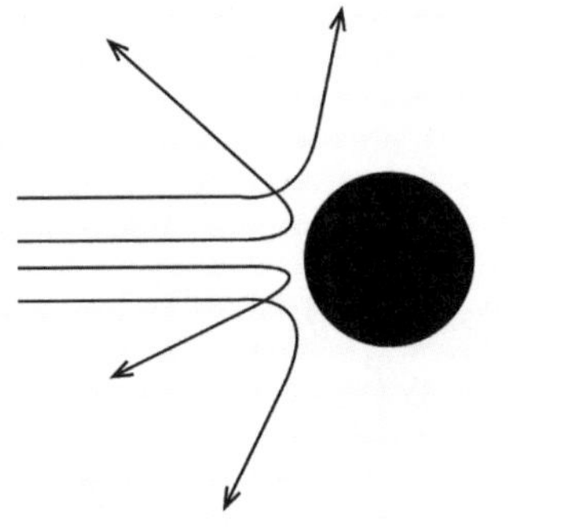

내부 구조가 있는 경우

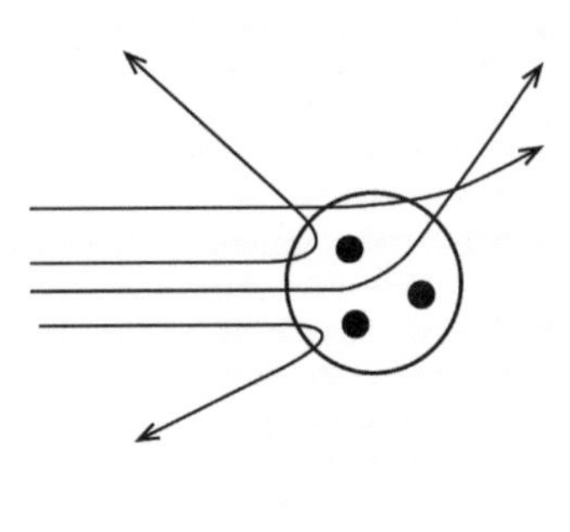

내부 구조가 없는 경우(왼쪽)와 그렇지 않고 내부 구조가 있는 경우(오른쪽) 입사하는 전자가 산란되는 형태에 대한 그림. 내부 구조가 있는 경우에는 전자의 산란이 복잡한 양상으로 전개됩니다. 단 전자의 에너지가 충분히 커서 내부 구조를 볼 수 있다는 가정을 하고 난 다음의 그림입니다.

두 쿼크의 성질을 나열한 표. 질량은 양성자의 질량을 1로 놓고 계산한 값이고 전기전하는 전자전하의 크기의 절댓값을 $1e^-$로 정했을 때의 값입니다.

입자 이름	입자 기호	상대질량	전기전하(e^-)	회전속력
업(up) 쿼크	u	0.002	+2/3	1/2
다운(down) 쿼크	d	0.005	-1/3	1/2

더 이상 기본 입자가 아니고 그 내부에 양성자보다 더 작은 알갱이가 있다는 의미로 해석됩니다. 이에 대한 이론적인 해석은 두 사람의 물리학자 머리 겔만(Murray Gell-Mann)과 조지 츠바이크(George Zweig)에 의하여 독립적으로 제안되었습니다.[22] 겔만은 이 새로운 알갱이의 명칭을 "쿼크"라고 제안하였고 반면 츠바이크는 "에이스"라고 제안하였습니다. 누구의 제안이 받아들여졌는지는 다 아시겠지요? 양성자 내부에 있는 이 알갱이는 쿼크라고 부릅니다. 이 쿼크는 당시에는 두 가지의 종류가 있는 것으로 파악되었으며 회전속력은 1/2, 전기전하는 이상하게도 전자 전기전하의 값의 정수가 아닌 $\pm 2/3e^-$ 또는 $\pm 1/3e^-$을 갖는 것으로 파악되었습니다. 이 두 쿼크는 업(up) 쿼크와 다운(down) 쿼크라 부르며 그 특성은 〈표 4.2〉에 정리되어 있습니다. 이에 따르면 양성자는 두 개의 업 쿼크와 하나의 다운 쿼크로 구성되어 있어서 전체 전기전하는 $+1e^-$로 이해할 수 있습니다. 이 표에서 가장 먼저 눈에 띄는 부분은 상대적 질량의 크기입니다. 양성자의 질량을 1로 놓았을 때 양성자 내부에 존재하는 쿼크들의 총 질량합이 0.01이 안 된다는 이 사실을 어떻게 이해해야 할까요? 이에 대한 상황이 〈그림 4.4〉에 나타나 있습니다. 설마 질량 보존법칙이 깨진 것일까요? 아니면 양성자 내부 쿼크가 무지하게 빨리 운동을 하고 있어서 양성자의 전체 질량은 쿼크 질량의 100배 정도가 되는 것일까요? 이에 대해서는 양자역학에 대한 이야기를 조금 진행한 다음에 설명드리겠습니다.

겔만과 츠바이크에 의하여 제안된 쿼크모형에 따르면 〈표 4.1〉

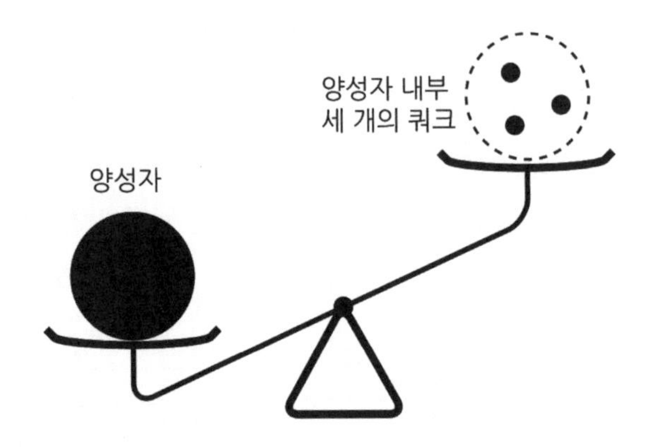

양성자 질량과 내부 쿼크 질량합의 불일치. 양성자의 질량은 내부에 있는 쿼크들의 질량합으로 단순 설명이 어렵다는 상황을 설명하고 있습니다. 쿼크들의 질량은 양성자 전체 질량의 1% 정도밖에 안 되는 것으로 알려져 있습니다.

에 나타나 있는 입자들은 쿼크가 세 개 또는 두 개로 이루어집니다. 이중 양성자, 중성자와 같이 세 개의 쿼크로 이루어진 입자를 중입자라고 부르고 $\pi^{0,\pm}$, $K^{0,\pm}$과 같이 두 개의 쿼크로 이루어진 입자를 중간자라고 부릅니다. 그리고 중입자와 중간자를 함께 강입자라고 부르고 있습니다. 갑자기 많은 용어들이 나와서 혼란스러울지도 모르겠습니다. 잘 정리하여 기억하기 바랍니다.

최근에 과연 쿼크가 또다시 내부 구조를 가지고 있는 입자인지 알아보려고 전자와 양성자의 충돌 실험을 다시 해 보았습니다.[1] 이때 전자의 에너지는 무려 전자 질량의 1000만 배(1968년에 수행된 위의 실험에서 전자의 에너지는 2만 배)로 증가하였습니다. 이러한 방법으로 쿼크의 내부 구조가 있는가 또한 알아볼 수 있는데, 이 실험에 의하면 1장에서도 이미 언급한 바와 같이 현재 쿼크는 내부 구조가 없는 기본 입자로 여겨지고 있으며, 그 크기는 10^{-19}미터보다는 작은 것으로 실험적으로 쿼크 크기의 상한선을 제시하였습니다.*

* 독자들 중 일부는 왜 쿼크들과 전자의 직접 충돌 실험을 하지 않고 양성자와 전자를 충돌시키는지 의아해할지도 모르겠습니다. 쿼크는 양성자와 달리 실험실에서 쉽게 고립시킬 수 없고 양성자 또는 중성자 내부에 항상 숨어 있습니다. 이는 앞으로 이야기할 강한 상호작용 때문이고 쿼크를 분리해도 매우 짧은 시간에 다시 숨어 버리기 때문에 전자-쿼크의 충돌을 직접 실험실에서 해 보기는 적어도 현재의 기술로는 불가능합니다.

2 자연에 존재하는 기본적인 힘

자연에 존재하는 힘은 여러 가지가 있습니다. 그러나 물리학에서 이야기하는 기본적인 힘은 현재까지는 네 가지가 있는 것으로 파악되고 있고, 그 네 가지는 중력, 전자기력, 강력, 약력으로* 나눌 수 있습니다. 이번 절에서는 이 네 가지 힘 간의 유사점과 차이점을 이야기하려고 합니다.

○● 누구도 피할 수 없는 중력

우리의 일상생활과 가장 친숙한 힘은 아마도 중력일 것입니다. 중력은 '질량을 가진 두 물체는 서로 끌어당긴다는 힘'으로 지표면에서는 지구가 표면에 있는 물체를 아래로 끌어당기는 힘으로 나타나게 되는데, 이에 대한 한 가지 재미있는 사진을 〈그림 4.5〉에서 찾을 수 있습니다. 저의 큰아들 준권이가 이제 막 돌이 된 셋째 준언이를 안고 중력의 크기를 몸소 체험하고 있습니다. 이런 중력 효과를 모르는 둘째 준혁이는 신나서 사진기를 바라보고 있습니다. 이렇게 우리의 일상생활을 지배하는 중력은 지구뿐 아니라 태양계를 이루는 행성의 움직임, 더 나아가 우주 전체의 역학을 지배하고 있습니다. 200여 년 전 뉴턴에 의하여 정량적 기술이 시작되

* 이들은 중력을 제외하고 전자기 상호작용, 강한 상호작용, 약한 상호작용으로 부르기도 합니다. 앞으로 두 용어를 번갈아 사용하겠습니다.

그림 4.5

지표면에서 중력의 크기와 방향을 알 수 있는 사진. 저의 큰아들 준권이가 이제 막 돌이 된 셋째 준언이를 안고 중력의 크기를 몸소 체험하고 있습니다. 이런 중력효과를 모르는 둘째 준혁이는 신나서 사진기를 바라보고 있습니다. 2015년 4월경 촬영한 준언이의 돌 기념 사진 중 하나입니다.

었고 1900년대에 이르러 일반 상대성이론에 의하여 에너지와 공간 기하의 관계로 수정되었습니다. 이 중력은 앞으로 소개할 세 가지 다른 상호작용들(전자기 상호작용, 강한 상호작용, 약한 상호작용)에 의한 힘에 비해서 가장 약한 힘으로 측정되고 있습니다. 혹 〈그림 4.5〉를 보면 네 가지 힘 중 중력의 크기가 가장 작다는 말이 쉽게 이해되지 않을 수도 있으리라 생각됩니다. 그러나 〈그림 4.5〉에 작용하는 중력은 지구 전체와 셋째 아들 준언이 전체 몸의 상호작용이기 때문에 그 크기가 큰 것처럼 느껴지는 것일 뿐입니다. 예를 들어 수소 원자 하나를 살펴보면 양성자와 전자 사이의 중력은 서로 반대의 전기전하를 가지는 양성자와 전자 간의 전자기력에 비하여 약 10^{-40}배 크기로, 아주 쉽게 무시할 수 있을 정도로 작은 값입니다.

중력은 자연에 존재하는 네 가지 기본 힘인 강력, 약력, 전자기력, 중력 중 그 세기가 가장 약한 힘으로 알려져 있지만 강력과 약력은 매우 짧은 거리에서만 작용하고 전자기력은 전기적으로 중성인 우리는 잘 느낄 수가 없습니다. 더욱이 중력은 빛을 포함한 모든 입자에 작용하므로 어떻게 보면 이상할 수도 있지만 궁극적으로는 블랙홀까지 만들어 내는, 실질적으로는 놀랍게도 **그 누구도 피할 수 없는 가장 강력한 힘**이라고도 생각할 수 있습니다.

뉴턴의 중력이론에 따른 중력의 크기를 좀 더 정량화한다면 두 물체 간의 중력은

두 물체 간 중력의 크기

$$= (\text{중력상수}) \frac{(\text{첫 번째 물체의 질량})(\text{두 번째 물체의 질량})}{(\text{두 물체 간 거리})^2} \quad (4.1)$$

으로 나타나게 되어 거리의 제곱에 반비례하고 질량값에 비례하게 됩니다. 여기서 중력이 두 물체의 거리 제곱에 반비례한다는 사실은 매우 중요합니다. 이러한 성질로 인하여 태양계의 행성들이 안정한 궤도를 그리는 사실을 설명할 수 있고, 이는 추후 논의 대상인 암흑물질의 존재와도 관련이 있기 때문에 잘 기억해 두기 바랍니다. 또 한 가지 중요한 사실은 뉴턴의 중력은 원격 작용(또는 먼 거리 작용)이론이라는 사실입니다. 이 말은 두 물체 간 힘의 전달은 아무런 매개체 없이 일어나고 순간적으로 일어난다는 의미입니다. 예를 들어 어떤 이유에서 태양의 질량이 갑자기 변한다면 그 효과에 의한 지구의 운동 변화는 순간적으로 일어난다는 뜻이 되겠습니다. 다음 장에서 이야기하겠지만 이러한 원격 작용이론은 결국 받아들여지지 않게 되고, 이것이 일반 상대성이론의 기반이 된다는 점을 기억하기 바랍니다.

○● 전자기력과 전자기파의 무지개

중력과 더불어 인간의 일상생활에서 쉽게 접할 수 있는 전기 현상과 자기 현상에 대한 정량적인 이해는 전자기 현상의 아버지라고 불리는 제임스 맥스웰(James Maxwell)에 의하여 정립되었습니다.[23] 전기전하를 띤 입자의 주위에는 전기장이 형성되고 이 공간에 다른 또 하나의 전기를 띤 입자가 있다면 두 입자는 전기력을 받아 전하의 값에 따라 서로 끌어당기거나 밀치는 힘을 받게 됩니다. 이러한 힘을 정확하게는 정전기력(또는 쿨롱 힘)이라고 부르고 정량적인 표현은 흥미롭게도

$$\text{정전기력 크기} = (\text{쿨롱 상수})\ \frac{(\text{첫 번째 물체의 전하})\ (\text{두 번째 물체의 전하})}{(\text{두 물체 간 거리})^2}$$

로 그 형태가 뉴턴 역학에서 기술하는 중력의 경우와 같게 됩니다. 다만 한 가지 다른 점은 중력의 경우에는 항상 서로 끌어당기는 힘만 존재하지만, 전기력의 경우에는 서로 끌어당기거나 밀치는 힘 둘 다 존재한다는 점입니다. 그렇지만 수학적 구조가 유사하기 때문에 두 힘의 행동양식은 비슷할 것일까요? 전자기학은 중력과 크게 다른 점이 하나 있습니다. 첫째로 전자기학에는 그 이름에서 알 수 있듯이 자기력도 존재하고 자기력은 전기력의 또 다른 표현에 불과하다는 점입니다.

자석은 근처에 있는 쇠를 끌어당긴다는 사실을 여러분들 모두 알고 있을 것입니다. 그리고 나침반의 원리에서도 알 수 있듯이 자석에는 두 가지 다른 극이 있어서 이를 N극과 S극으로 부르고, 같

은 극은 서로 밀쳐 내는 힘을 받고 다른 극은 서로 끌어당긴다는 사실을 실험적으로 알고 있습니다. 이는 전기력과 매우 유사하여 당연히 N극의 자기 입자와 S극의 자기 입자가 존재할 것이라고 생각했지만 놀랍게도 현재까지 단일 극을 갖고 있는 자기 홀극 입자는 발견되고 있지 않습니다. 이러한 상황이 〈그림 4.6〉에 설명되어 있습니다. 전기력의 경우에는 전자와 같은 전기전하 입자가 존재하지만 자기력의 경우에는 자석을 아무리 잘라도 계속 두 가지 극성을 분리해 낼 수 없어서 자기 홀극 입자가 존재하지 않는다는 사실을 이야기하고 있습니다. 이는 초기 우주 급속팽창 이론과도 매우 밀접한 관련이 있는데 이에 대해서는 8장에서 좀 더 자세하게 다루겠습니다.

이제 이 전기력과 자기력을 합친 전자기력에 대해서 이야기해 보겠습니다. 전자기력은 앞에서 언급한 맥스웰에 의하여 최종적으로 만들어졌는데, 이에 따르면 전자기력에 의하여 이 끌어당기는 힘은 뉴턴의 중력과 같이 원격 작용에 따른 것으로 이해되고 있지 않습니다. 우리의 눈으로는 볼 수 없지만 자석 근처에는 자기장이 만들어지게 된다고 이해하는 것이 전자기학에서의 기본 가정입니다. 자석에 변화가 있다면 이러한 변화가 순간적으로 쇠에 전파되는 원격 작용이 아니라 빛의 속도로 전파된다는 것이 전자기학과 뉴턴의 중력이론의 가장 다른 점이라고도 할 수 있습니다. 물론 이러한 전기장과 자기장은 우리의 눈으로 볼 수 없지만 공간에 분포하는 물리량으로 인식되고 있습니다. 직접적으로는 알 수 없지만 만일 공간에 전기장이 있다면 그 전기장을 따라 전기전하를 띤 입자는 힘을 받게 될 것이고 마찬가지로 지구 표면에는 자기장이 있어서 나침반의 바늘이 특정한 방향을 가리키는 효과를 내게 됩니다.

또한 더 중요한 사실은, 이러한 전기장과 자기장은 일정한 조건이 만족되면 빛의 속력으로 이동하는 전자기파를 형성할 수 있게 되어 우리의 세상을 밝혀 준다는 점입니다. 태양과 전구에서 나오는 빛은 모두 전자기파의 일종으로 우리는 눈으로 전기장과 자기장을 각각 따로 볼 수는 없지만, 전자기파의 형태로 존재한다면 우리도 인식할 수 있다고 생각해도 무방하겠습니다.

가시광선이라 함은 말 그대로 우리가 눈으로 볼 수 있는 빛입니다. 이는 1장에서 소개된 파동의 길이 단위인 파장으로 표시하면 대략 파장이 500나노미터에 해당되는 전자기파로 생각하면 되겠습니다. 사람의 머리카락 두께의 약 100분의 1 정도 되는 길이에 해당되므로 우리 인간의 눈으로 구별할 수는 없습니다.* 이보다 파장이 더 짧은 전자기파로는 순차적으로 자외선, 엑스선, 감마선 등이 있습니다. 강한 자외선을 피하라는 말은 많이 들어 보셨으리라 생각됩니다. 자외선보다 파장이 더 짧은 엑스선, 감마선은 전자기

* 500나노미터는 5×10^{-7}미터이고 사람의 머리카락 두께는 사람마다 다르지만 좀 섬세한 머릿결의 두께는 50마이크로미터, 즉 5×10^{-5}미터로서 가시광선의 파장은 머리카락 두께의 약 100분의 1 정도라고 이해할 수 있습니다.

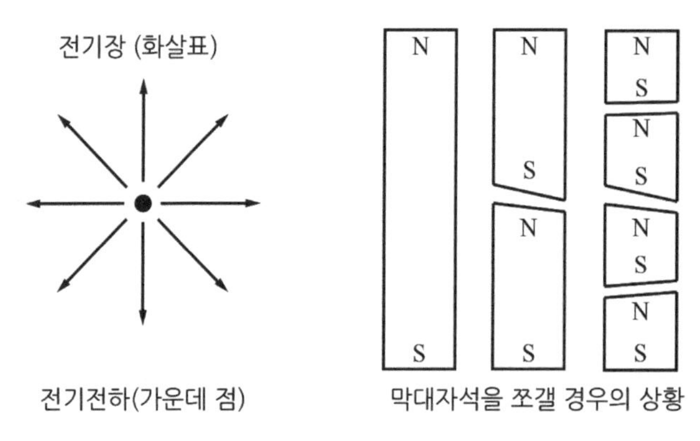

그림 4.6

전기력과 자기력의 차이점에 대한 설명. 전기력의 경우에는 단일 전깃값을 갖는 (양 또는 음) 점 입자가 있어서 왼쪽과 같이 생각할 수 있으나 자기력의 경우에는 그러한 자기 홀극이 존재하지 않습니다. 즉, 막대자석을 아무리 쪼개도 다시 막대자석이 되는데, 이러한 상황이 오른쪽에 그려져 있습니다.

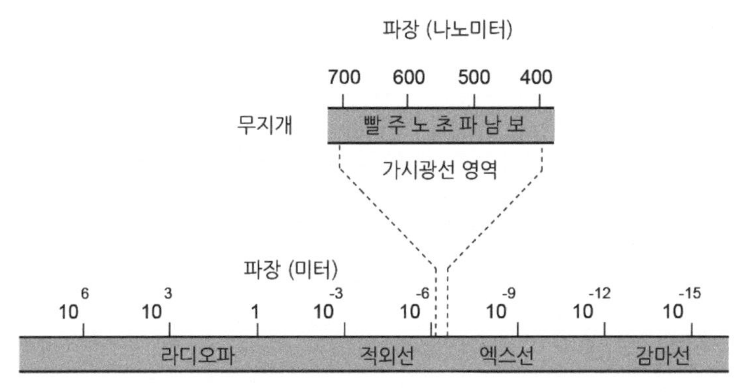

그림 4.7

전자기파의 무지개. 전자기학 이론에 따른 전자기파 전체 영역의 "무지개"를 표현해 보았습니다. 인간의 눈으로 볼 수 있는 영역은 극히 일부이며 마이크로파는 라디오파와 적외선 사이에 있는 전자기파를 뜻합니다.

파 형태의 방사선으로 취급되어 우리 인체에 위험한 빛이기는 하나 일반적인 환경에서는 만들어지기 어렵기 때문에 별문제 없습니다.

이제 가시광선보다 파장이 더 긴 쪽으로 가면 적외선이 있고 파장이 마이크로미터 크기인 마이크로파가 있습니다. 파장이 더 길어져서 미터 정도 되면 라디오파가 등장하는데, 이는 라디오 또는 TV 송수신용으로 사용하는 전자기파입니다. 이러한 모든 파장 영역대의 빛은 소위 말하는 전자기파의 "무지개"를 형성하여 〈그림 4.7〉과 같이 펼쳐 놓을 수 있습니다. 그림에서 알 수 있듯이 인간의 눈으로 볼 수 있는 영역은 극히 일부이며 추후 이 책에서 중요하게 다루는 마이크로파는 라디오파와 적외선 사이에 있는 전자기파를 뜻합니다. 이렇게 광대한 영역의 전자기파 및 전자기 현상은 전자기학 이론으로 잘 설명할 수가 있어서 오늘날 휴대폰부터 시작해서 병원에서 사용되는 엑스선까지 인간의 편리한 생활의 기본이 되고 있습니다.

전자기력에 대하여 한 가지만 더 이야기하고 마치겠습니다. 현대 입자물리학 관점에서 생각하면 모든 상호작용은 그 힘을 매개하는 입자의 교환으로 일어나는 것으로 이해되고 있습니다. 즉 두 전하 입자의 상호작용은 빛(또는 광자, 혹은 빛알갱이)의 교환으로 이루어집니다. 중력의 경우에도 중력을 매개하는 가상의 입자인 중력 양자가 존재한다고 생각되고 있으나 아직 발견된 바는 없습니다. 이에 대한 논의는 앞으로 좀 더 진행할 것입니다.

○● 종신형 감옥에 있는 쿼크와 강력

1절에서 언급하였듯이 헬륨 원자핵에는 양성자 두 개가 대략 10^{-15}미터 정도 떨어져 있고 쿨롱 전기 반발력에 의해서 서로 밀치고 있습니다. 이 밀치는 힘은 여러분이 약 20킬로그램의 물체를 떠받치는 데 필요한 힘입니다. 놀랍죠? 또한 양성자 하나를 놓고 보더라도 두 개의 업 쿼크 사이에는 마찬가지로 적어도 비슷한 크기의 쿨롱 반발력이 작용합니다.

이렇게 크게 밀치는 힘이 두 양성자에 작용함에도 불구하고 헬륨 원자핵이 안정한 이유는 다른 힘이 있어서 이를 꽉 잡고 있기 때문입니다. 이러한 힘을 만들어 내는 상호작용을 강한 상호작용이라고 부르고 이 상호작용을 매개하는 입자를 글루온(gluon)이라고 합니다.

여러분들이 짐작하듯이 입자들을 서로 못 도망가게 접착제로 고정시킨다는 의미인 영어 단어 "glue"에서 온 말로서 우리말로 풀어쓰면 풀알갱이 정도가 되는데, 적어도 저에게는 아직 많이 어색하기 때문에 그냥 글루온이라고 하겠습니다. 전자기력과는 달리 글루온은 총 8개가 있고 강한 상호작용을 하는 쿼크들은 이 글루온들을 서로 교환하게 됩니다.

전자기력의 경우 전기전하는 양의 전하 또는 음의 전하밖에 없었지만 강한 상호작용의 경우에는 세 가지의 다른 전하가 존재합니다. 이 세 가지의 다른 전하는 우리의 일상생활에 나타나는 색깔과 유사한 성질을 갖고 있어서 "색깔전하"라고 부르고 빨간색, 초록색, 파란색의 세 가지로 구분합니다.*

그리고 강력은 항상 하얀색을 좋아해서 주위에 있는 서로 다른 색깔을 가지고 있는 쿼크들은 거의 순식간에 모여서 하얀색의 강입자 또는 중간자를 형성합니다. 그러한 이유로 양성자에서 두 개의 양의 전하를 가지고 있는 쿼크들이 전자기력의 반발력에도 불구하고 양성자 내부에서 빠져나오지 못하고 안정한 상태를 유지하고 있는 것입니다. 실제로 양성자 평균수명 측정 실험에 의하면[24] 양성자는 우주의 나이인 140억 년보다 훨씬 더 오래 살고 있습니다(약 10^{29}년 정도!).** 양성자 감옥에 갇힌 불쌍한 쿼크는 평생 거기에서 살아야 하는 것이지요.

이러한 강한 상호작용을 우리가 평소에 느끼지 못하는 이유는 무엇일까요? 바로 중력이나 전자기 상호작용은 거리의 제곱에 반비례하는 힘으로 매우 먼 거리까지 작용을 하지만, 강한 상호작용은 매우 짧은 거리, 즉 양성자 크기 정도의 거리에만 영향을 주기

* 엄밀히 말하면 세 가지의 색깔전하에 대해서 반대의 색깔인 반-빨간색, 반-초록색, 반-파란색도 고려해야 하기 때문에 총 6개가 필요하다고도 할 수 있습니다.

** 우주의 나이보다 더 긴 평균수명을 어떻게 측정할 수 있냐는 질문을 하는 독자도 있습니까? 양성자 하나를 뚫어지게 바라보면서 붕괴하기를 기다리면 양성자 평균수명의 상한선은 100년 이상으로 측정하기는 불가능합니다(어린이 시절부터 본다고 해도). 그렇지만 물이 가득 담긴 컵 하나에 있는 양성자 개수는 대략 10^{26}개나 됩니다. 따라서 원칙적으로 이를 1년 동안 가만히 관찰했는데 붕괴하는 양성자가 하나도 없다면 양성자의 수명은 10^{26}년보다 작을 것이라고 이야기할 수 있겠습니다.

때문입니다. 하지만 다행인지 불행인지 강력한 '강한 상호작용'은 우리에게 원자력 발전을 가능하게 하기도 하고 원자폭탄과 같이 재앙을 초래할 수 있는 도구를 제공하기도 합니다. 이를 설명하기 위하여 〈그림 4.8〉을 살펴보겠습니다. 이 그림은 주기율표에 나와 있는 원소들에 대하여 핵자당 결합에너지를 핵자의 개수의 함수로 나타낸 것입니다.

그림에서 보듯이 철(Fe) 원소의 핵자당 결합에너지가 가장 높고 양옆으로 갈수록 낮아지게 됩니다. 따라서 만일 우라늄과 같은 무거운 핵종이 쪼개지는 핵분열 반응을 하여 좀 더 단단한 원소들로 바뀌면 단단해진 만큼의 에너지를 외부로 내보내게 되고, 이 에너지가 바로 원자력 발전을 가능하게도 하고, 불행하게도 원자폭탄의 기본 원리가 되기도 합니다.*

앞선 논의에서 양성자는 세 개의 쿼크로 이루어져 있다고 이야기하였고, 양성자의 질량을 1이라고 할 때 〈표 4.2〉와 〈그림 4.4〉에 나타나 있는 바와 같이 양성자 내부에 있는 쿼크의 질량합은 1%가 채 안 된다는 이야기를 잠깐 언급하였습니다. 그러면 과연 양성자의 질량은 어디서 오는 것일까요? 이 질문에 대한 답은 〈그

* 좀 더 정확하게 표현하면 양성자와 양성자를 서로 끌어당기는 힘은 엄밀히 말해서는 쿼크들 간의 강한 상호작용의 "찌꺼기"입니다. 양성자와 중성자는 모두 색깔이 흰색이기 때문에 서로 강한 상호작용을 안 할 것처럼 보이지만 가까이 있게 되면 쿼크들 간의 강한 상호작용의 일부가 양성자들을 서로 붙게 하는 역할을 해서 제가 찌꺼기라는 표현을 사용하였습니다.

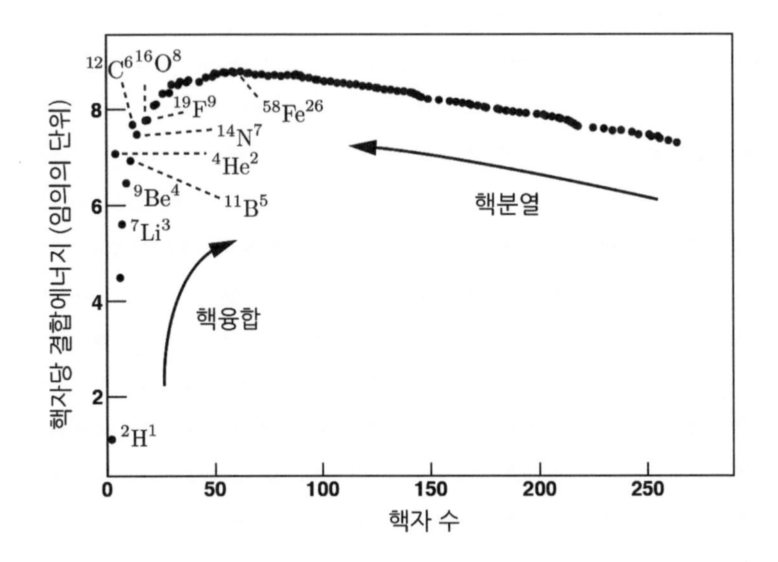

주기율표에 있는 대부분의 원소에 대하여 핵자당 결합에너지를 핵자 수의 함수로 나타낸 그림. 핵자당 에너지가 가장 높은 원소는 바로 철(Fe) 원소이고 무거운 원소에서 철 원소 쪽으로 분열하는 과정을 핵분열이라고 부릅니다. 반대로 가벼운 원소들이 결합하여 철 원소 쪽으로 합쳐지는 과정을 핵융합이라고 부릅니다.

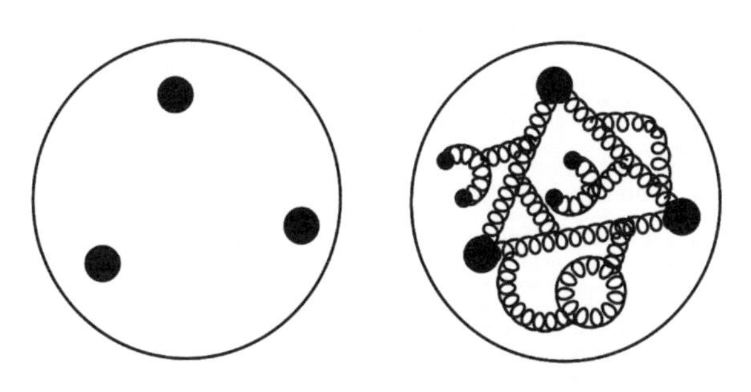

그림 4.9

양성자의 질량에 대한 근원을 설명하기 위한 그림. 양성자가 단지 세 개의 쿼크만으로 이루어져 있다면 왼쪽과 같은 그림을 생각하게 되지만, 강한 상호작용을 매개하는 용수철 모양의 글루온이 연결되어 있어서 글루온의 "바다"와 심지어는 쿼크-반쿼크 쌍을 만들어 낼 수 있는 경우까지 고려하면 오른쪽과 같은 그림을 생각할 수 있습니다. 즉 양성자의 질량은 글루온이 다 책임을 지고 있다고 해도 결코 틀린 말이 아닙니다.

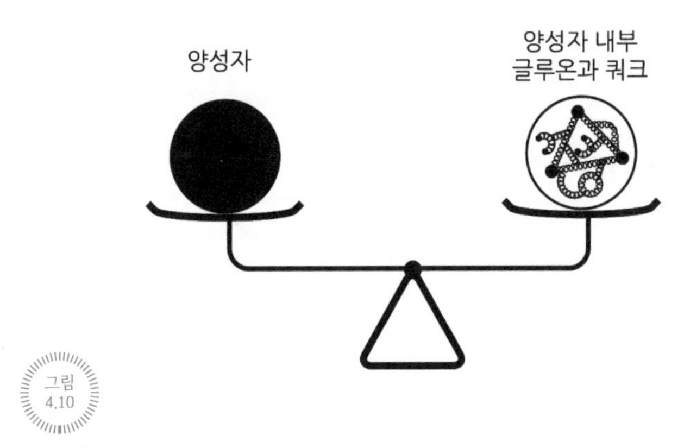

그림 4.10

양성자 질량과 내부 쿼크 및 글루온까지 포함한 질량합의 일치. 양성자의 질량은 내부에 있는 쿼크들의 질량합으로 단순 설명이 안 되지만 글루온 입자까지 고려하면 이를 설명할 수 있습니다.

림 4.9〉에 설명되어 있습니다. 양성자가 단지 세 개의 쿼크만으로 이루어져 있다면 왼쪽과 같은 그림을 생각하게 되지만, 강한 상호 작용을 매개하는 글루온이 있어서 글루온의 "바다"와 심지어는 쿼크-반쿼크 쌍을 만들어 낼 수 있는 경우까지 고려하면 오른쪽과 같은 그림을 생각할 수 있습니다. 다시 말하면 양성자, 즉 〈그림 4.10〉과 같이 생각할 수 있다는 이야기입니다. 질량의 99%는 글루온이 기여하는 것입니다. 우리의 일상생활에서는 잘 알 수 없을 것처럼 여겨졌던 글루온이 실제 우리 몸무게를 지배한다는 사실이 참으로 참으로 놀랍습니다.

○● 약력과 동위원소, 그리고 중성미자

약력은 지금까지 논의한 중력, 전자기력, 강력과 더불어 자연에 존재하는 네 가지 기본 힘 중 하나입니다. 여러분들은 방사성 동위원소라는 단어를 들어 본 적이 있습니까? 방사성 동위원소는 특정한 원소 내부 원자핵의 상태가 불안정하여(예를 들어 핵 내부 중성자 한 개가 양성자 한 개로 변하면서 전자를 하나 방출하여) 원소의 종류, 즉 핵종이 바뀌게 되는 원소를 뜻합니다. 예를 들어 보통의 탄소 원자핵에는 양성자와 중성자의 개수가 각각 여섯 개씩 있지만 드물게는 중성자의 개수가 여덟 개인 탄소 원자핵(${}^{14}_{6}C$)도 자연에 존재합니다. 이 특별한 탄소 원자는 그 상태가 불안정하여, 원자핵 내부 중성자가 양성자로 바뀌면서 전자를 한 개 방출하게 됩니다. 그러면 원자핵 내부에는 양성자 개수가 총 일곱 개가 되어 질소 원자($^{14}_{7}N$)라는 전혀 다른 핵종으로 변환됩니다. 이러한 반응을 총지휘하는 힘이 바로 약력이고, 이러한 상호작용을 약한 상호작용이라고 부릅니다.

1914년 영국의 물리학자 제임스 채드윅(James Chadwick)은 앞에서 언급한 반응을 발견하는데 (e^-는 전자를 표시함)

$$^{14}_{6}C \rightarrow ^{14}_{7}N + e^-$$

이때 방출되는 전자의 에너지를 측정하였더니 에너지가 하나의 값이 아니라 많은 값들의 분포를 가진다는 사실을 발견하였습니다. 탄소와 질소 원자는 정지해 있기 때문에 전자의 에너지가 하나의 값이 아닌 연속적인 분포를 갖는다는 사실은 에너지가 보존이 안 된다는 것을 의미합니다. 에너지가 보존이 안 된다는 사실은 당시 물리학자들은 절대 받아들일 수 없는, 말도 안 되는 이야기로 여겨져 왔기 때문에 위의 반응은 수수께끼로 남아 있었습니다. 이를 해결하기 위하여 1930년 양자역학의 발전을 이끈 물리학자 중 한 명인 볼프강 파울리(Wolfgang Pauli)는 위의 붕괴에서 검출되지는 않았지만 전자와 함께 방출되는 또 다른 입자가 있어야 한다고 예측하였습니다. 이 입자는 오늘날 중성미자라고 불리며 파울리가 예측하고 26년 후에 실험적으로 발견되었습니다. 즉 위의 반응은 사실은 (중성미자의 기호로 $\bar{\nu}_e$ 를 사용하였는데, 엄밀히 이야기하면 방출되는 입자는 반중성미자가 되어 기호 위에 막대기 표시를 하였고 또

한 전자 형태의 중성미자라는 뜻으로 아래 첨자 e를 사용하였음)

$$^{14}_{6}\mathrm{C} \rightarrow\ ^{14}_{7}\mathrm{N} + e^{-} + \bar{\nu}_e$$

로 표시되는 것이 옳습니다. 이렇게 되면 에너지 보존법칙도 깨지지 않고 전자의 에너지가 한 값이 아닌 분포를 갖는다는 사실도 잘 설명할 수 있습니다. 중성미자는 약한 상호작용에 등장하며 아주 작은 질량값을 가지고 있다고 알려져 있지만 그 값 자체는 아직 측정을 하지 못하고 있습니다. 약력이 미칠 수 있는 범위도 강력의 경우와 마찬가지로 매우 짧아서 양성자 크기보다도 작습니다. 하지만 약력의 경우 그 범위가 짧은 이유는 약력을 매개하는 입자들의 질량이 양성자 질량보다 거의 100배 정도 더 높기 때문입니다.

3 입자물리학의 표준모형

새로운 입자들의 발견과 그 새로운 입자들을 이루는 기본 입자, 또 그 입자들 간의 다양한 상호작용에 대한 근본적인 설명을 어떻게 해야 하는가에 대한 연구가 지난 100여 년 동안 이루어져 왔습니다. 이러한 연구는 때로는 실험이 더 앞서기도 하고 때로는 이론이 더 앞서기도 했습니다. 이번 절에서는 이러한 연구의 결정체인 입자물리학의 표준모형에 대하여 살펴보고, 또한 입자물리학 표준모형의 문제점은 어떤 것들이 있는지 살펴보겠습니다.

○● 쿼크와 경입자

앞서 말씀드린 바와 같이 물질을 이루는 가장 기본이 되는 입자는 양성자 혹은 중성자 내부에 있는 쿼크입니다. 그런데 현재까지 발견된 쿼크의 개수는 총 여섯 개나 되고(보통 알파벳을 사용해서 *u*, *d*, *c*, *s*, *t*, *b*라고 표시함) 그 여섯 개 모두 질량값이 다를 뿐 아니라 다른 정도도 천차만별인데 이를 〈표 4.3〉에 정리하였습니다. 보시다시피 전기전하의 값에는 일정한 패턴이 보이는 듯하나 질량값은 널뛰기를 하고 있는데 현재 질량값이 이렇게 널뛰기를 하고 있는 이유에 대해서는 그 누구도 잘 알고 있지 못하고, 왜 하필이면 여섯 개의 쿼크가 있는지에 대해서도 표준모형은 잘 설명하지 못합니다. 강한 상호작용과 전자기 상호작용에서 쿼크들은 동일하게 나타나지만 약한 상호작용과 관련해서는 (*u*, *d*), (*c*, *s*), (*t*, *b*)와 같이 일종의 쌍을 형성합니다. 이러한 세 쌍을 서로 구별하기 위해서 각기 다른 쌍은 다른 "맛깔(flavor)"을 가진다고 표현합니다. 표현이 좀 우습기는 하지만 역사적으로 그렇게 표현되었고 그것을 다시 우리말로 번역하는 과정에서 벌어진 일입니다. 즉, 약한 상호작용에서는 쌍을 형성한 쿼크들끼리 서로 상호작용하는 방식을 선호한다는 의미입니다.

기본 입자들 중 쿼크와 더불어 또 한 가지의 그룹에 대하여 이야기를 해 보겠습니다. 우선 우리 일상생활에서 사용하는 전기의 흐름을 책임지는 전자가 있습니다. 전자의 질량은 매우 가벼워서 양성자 질량의 0.0005배밖에 되지 않습니다. 그리고 앞서 말씀드렸지만 전자(e^-)와 모든 성질이 같고 단지 질량이 200배 무거운 뮤온(μ^-)이라는 입자가 있었습니다. 전자와 뮤온 모두 전기전하를 가지고 있으며 회전속력 또한 1/2입니다. 더 나아가 1974년부터 1977년 사이에 진행된 충돌 실험에 의하여 뮤온보다도 더 무거우면서 다른 성질의 전자, 또는 뮤온과 같은 입자가 발견되었고 이 입자를 타우온(τ^-)이라고 부릅니다. 쿼크와는 다른 종류의 입자가 세 개 있는 셈입니다. 이러한 새로운 입자들을 "경입자"라고 부르는데, 쿼크와 가장 큰 차이점은 이러한 경입자들은 강한 상호작용에 참여하지 않는다는 것입니다. 다만 약한 상호작용에는 쿼크와 유사한 방식으로 참여합니다. 즉 다른 기본 입자들과 쌍을 이루게 되는데 이때 중성미자가 등장합니다. 중성미자 또한 세 가지의 종류가 있어서 전자-중성미자(ν_e), 뮤온-중성미자(ν_μ), 타우-중성미자(ν_τ)가 있고 이들은 (ν_e, e^-), (ν_μ, μ^-), (ν_τ, τ^-)와 같이 쌍을 이루어 약한 상호작용에 참여합니다. 여기서 중성미자를 먼저 쓴 이유는, 전기전하가 높은 입자부터 낮은 입자로 썼던 쿼크 쌍의 경우와 같은 맥락으로 쓰려고 했기 때문입니다. 물론 중성미자는 전기적으로 중성이기 때문에 전기전하량은 0입니다. 사실 쿼크와 직접 연관성은 없지만 이 경우에도 마찬가지로 서로 다른 쌍은 서로 다른 맛깔을 가진다고 이야기합니다. 이는 나중에 중성미자의 섞임 현상을 논의할 때 다시 언급하겠습니다.

쿼크의 성질을 나열한 표. 상대질량값은 양성자의 질량을 1로 놓았을 때의 값을 표시하였습니다.

쿼크 기호	상대질량	전기전하(e^-)
u	0.002	+2/3
d	0.005	-1/3
c	1	+2/3
s	0.1	-1/3
t	200	+2/3
b	5	-1/3

경입자의 성질을 나열한 표. 상대질량값은 양성자의 질량을 1로 놓았을 때의 값을 표시하였습니다. 엄밀히 말하면 중성미자들의 질량은 정확하게 0은 아니지만 양성자 질량에 비하여 10^{-9}보다도 더 작아서 보통의 경우는 무시할 수 있습니다.

경입자 기호	상대질량	전기전하(e^-)
ν_e	0	0
e^-	0.0005	-1
ν_μ	0	0
μ^-	0.1	-1
ν_τ	0	0
τ^-	2	-1

놀랍게도 쿼크 쌍의 개수도 세 개이고 경입자의 쌍도 세 가지입니다. 표준모형 테두리에서는 왜 이 두 숫자가 같은지를 설명해 주지 못합니다. 그저 우연한 결과라고 이야기하고 있습니다. 한 가지 가능성은, 좀 더 높은 에너지에서는 쿼크와 경입자가 서로 상호작용을 하고 따라서 쿼크와 경입자들이 동등하게 취급될 수 있을지도 모른다는 것입니다. 이러한 가설에 대한 실험적 규명 노력은 수십 년 동안 계속되어 왔지만 현재로서는 가설일 뿐입니다.

○● 힘을 매개하는 입자들과 파인만 도식

쿼크와 경입자들이 물질을 이루는 기본 입자들이었다면 그 외 다른 부류의 기본 입자들을 생각할 수 있고, 이들은 힘을 매개하는 입자들입니다. 이번 장 논의 초기에 빛알갱이는 전자기력을 매개하는 기본 입자, 그리고 강력을 매개하는 입자로서 '글루온'이라는 입자가 있다고 이미 말한 바 있습니다. 약한 상호작용의 경우에는 힘을 매개하는 입자를 전기적으로 중성인 입자와 전기전하를 가지고 있는 입자로 나눌 수가 있습니다. 역사적으로 이들을 Z^0와 $W^\pm$ 보손이라고 표시합니다. 이들 중 Z^0는 전기적으로 중성, $W^\pm$은 양 또는 음의 전기전하를 가지고 있습니다. 이렇게 설명드리고 나니 여러분들 중 혹시 '그렇다면 중력의 경우에는 어떤 입자가 존재할 것인가' 궁금해하는 분들이 있을 것으로 생각됩니다. 입자물리학의 표준모형에는 중력이 포함되어 있지 않습니다. 이미 2장에서 이야기를 했지만 현대 물리학 입장에서 보면 양자역학에 기반을 둔 힘의 기술이 궁극적으로 올바른 기술이라는 관점이 받아들여지고 있습니다. 그런데 중력의 경우에는 아직 아인슈타인의 장방정식에 대한 양자역학적 기술을 어떻게 해야 하는지 알려져 있지 않습니다. 더욱이 중력을 매개하는 입자도 아직 실험적으로 규명된 바가 없습니다. 다만 만일 중력이 양자화되어 있다는 가정하에 중력 입자라는 가상의 입자가 제안되어 있는 상태입니다. 중력 입자까지 포함된 힘을 매개하는 입자에 대하여 〈표 4.5〉에 정리해 보았습니다.

추후 다시 논의하겠지만 힘을 매개하는 입자들은 회전속력이 〈표 4.5〉에 나타난 것처럼 모두 정수배입니다. 이렇게 회전속력이 정수배인 입자들은 보손이라고 부른다고 했고(2장), 회전속력이 반정수배인 쿼크와 경입자들과는 매우 다른 성질을 갖고 있습니다. 특히 현재 그 존재를 추측만 하고 있는 중력 입자는 그 회전속력이 2인 값을 가질 것으로 예상하고 있는데 그 이유는 아인슈타인의 장방정식이 가지는 수학적인 구조가 행렬의 형태를 지니고 있어서 회전속력이 보통 보손의 두 배인 것으로 예측하고 있습니다.

여기서 잠깐 쉬어 가는 의미로, 입자의 상호작용을 그림으로 쉽게 나타내는 파인만(Feynman) 도식을 설명하고자 합니다. 파인만 도식은 이차원 평면에 입자가 붕괴하거나 두 개 이상의 입자들이 상호작용을 할 경우, 그 반응에 대한 정성적 이해 및 정량적 계산을 위한 체계적인 도구가 되기도 합니다. 여기서는 정성적 이해를 돕

힘을 매개하는 입자들의 성질을 나열한 표. 상대질량값은 양성자의 질량을 1로 놓았을 때의 값을 표시하였습니다. 중력 입자는 아직까지는 실험적으로 규명이 되지 않은 가상의 입자로 알려져 있습니다.

관련 힘	입자 이름	입자 기호	상대질량	회전속력
강력	글루온	g	0	1
전자기력	빛알갱이	γ	0	1
약력	$W^{\pm}, Z^{0}$	$W^{\pm}, Z^{0}$	90, 100	1
중력	중력 입자		0	2

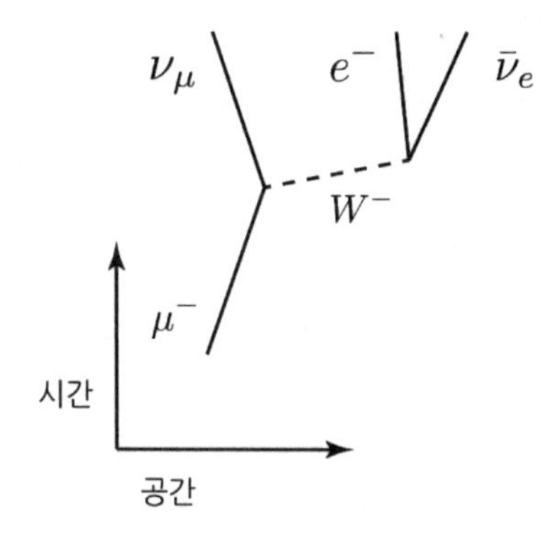

그림 4.11

뮤온 입자의 붕괴에 대한 파인만 도식. 정성적으로 수직축은 시간의 흐름, 수평축은 공간이라고 이해하고 시간이 흐름에 따라 뮤온이 약한 상호작용 매개 입자인 W^- 입자를 방출하면서 뮤온중성미자로 변환하고, W^- 입자는 다시 반-전자중성미자와 전자로 붕괴하는 것으로 이해합니다.

는 방법에 대해서 이야기하겠습니다. 예를 들어 뮤온 입자가 전자와 중성미자들로 붕괴하는 경우 $\mu^- \rightarrow e^- + \bar{\nu}_e + \nu_\mu$로 나타낼 수 있습니다. 이 반응은 약한 상호작용에 속하고 특히 W^- 보손이 매개하고 있습니다. 이를 수직축은 시간, 수평축은 공간이라고 할 경우, 〈그림 4.11〉과 같이 나타낼 수 있습니다. 즉, 시간의 흐름에 따라 뮤온이 약한 상호작용 매개 입자인 W^- 입자를 방출하면서 뮤온중성미자로 변환하고, W^- 입자는 다시 반-전자중성미자와 전자로 붕괴하는 것으로 〈그림 4.11〉을 이해하면 되겠습니다. 이러한 파인만 도식은 입자물리학 초보자에게도 반응을 쉽게 이해하는데 커다란 공헌을 하였습니다.

또한 특이하게도 약력을 기술하는 $W^\pm$, Z^0 보손들의 질량은 유한한 값을 가질 뿐 아니라 매우 무거운데, 이는 다음에 이야기할 힉스 입자와 관련이 있습니다.

○● 우리의 소원은 통일

대다수의 이론물리학자들은 자연에 존재하는 네 가지의 서로 다른 힘을 궁극적으로는 하나의 이론으로 모두 설명이 가능하다고 굳게 믿고 있는 듯합니다. 그리고 사실 이러한 노력의 시작은 입자물리학의 표준모형에 의해 진행되고 있습니다. 우선 전자기력과 약력은 글라쇼(Glashow), 살람(Salam), 와인버그(Weinberg) 세 분의 물리학자에 의해 통일이 되어 세 분이 1979년에 이미 노벨 물리학상을 수상하였습니다. 그런데 전자기력과 약력이 통일이 되었다는 말이 정확하게 무슨 의미일까요? 이는 두 가지의 힘에 대한 이론적 수식이 따로 기술되지 않고 하나의 방정식으로 기술되고, 특정한 값의 높은 온도(혹은 에너지)에서는 두 힘에 대한 힘의 크기가 비슷하게 되며 이러한 새로운 방정식이 예측하는 다양한 현상이 다양한 실험 결과와 정확하게 일치한다는 의미입니다. 이에 대한 설명이 〈그림 4.12〉에 나타나 있습니다. 현재 에너지가 높아짐에 따라 전자기력과 약력은 그 크기가 같아져서 하나의 힘으로 통일됨이 실험적으로 이미 규명되어 있습니다.

전자기력과 약력의 통일이론에 대한 실험적 검증에 입자물리학자들은 주목하였고 자연스럽게 강력에 대한 통일이론까지도 생각하게 됩니다. 이러한 이론을 대통일장 이론이라고 부릅니다. 강력의 힘은 다른 힘과 비교해 가장 크기 때문에 〈그림 4.12〉에 나타난 바와 같이 매우 높은 위치에 있지만 만일 대통일장 이론이 자연에 존재한다면 강력, 전자기력, 약력이 모두 하나의 힘으로 기술되는 대통일은 온도가 약 10^{31}℃나 되는 매우 높은 에너지에서 일어날 것이라고 예측합니다. 여러분들은 어떻게 생각하나요? 과연 대통일장 이론은 맞는 이론일까요? 현재의 인류에게는 대통일이 일어난다고 예측되는 에너지까지 입자를 가속시켜 충돌 실험을 할 수 있는 기술력이 아직 없습니다. 따라서 인류가 실험적으로 대통일장 이론을 직접 검증하기는 아직은 대단히 어려운 일로 여겨지고 있습니다.

그러면 아예 검증에 대한 희망은 없는 것일까요? 그렇지는 않습

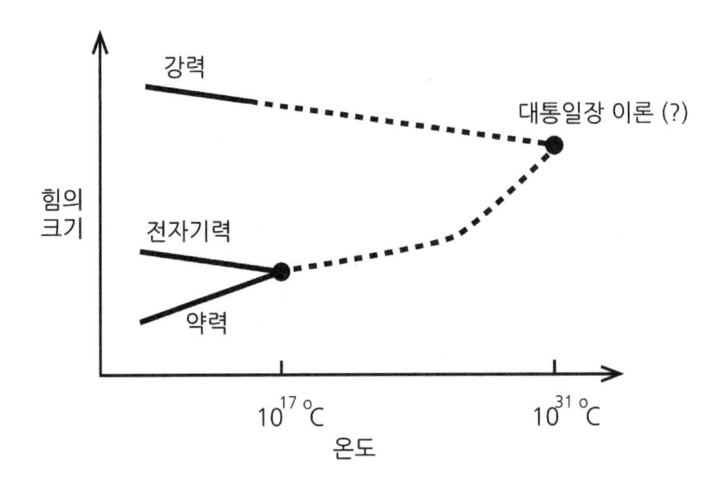

강력, 전자기력, 약력의 상대적 크기와 온도와의 관계. 현재 에너지가 높아짐에 따라 전자기력과 약력은 그 크기가 같아져서 하나의 힘으로 통일됨이 실험적으로 규명되어 있습니다. 이를 바탕으로 강력까지 합쳐지게 되는 가설이 존재하고 이를 대통일장 이론이라고 부르는데 이는 약 10^{31}℃나 되는 매우 높은 온도에서 일어날 것이라고 예측합니다.

니다. 대통일장 이론은 자기홀극 입자의 존재를 예측합니다. 전기장을 만드는 전자가 있듯이 자기장을 만드는 "자기 입자"는 이론적으로 존재하고, 사실 대통일장 이론은 많은 양의 자기 입자를 예측합니다. 현재까지 많은 물리학자들이 이 자기홀극 입자를 찾으려고 노력해 왔습니다만 아직까지는 발견이 안 되고 있습니다. 자기홀극 입자에 대한 이야기는 초기 우주 급속팽창 이론과 밀접한 관련이 있는데 이는 8장에서 다시 다루어 보겠습니다.

눈치챈 독자들도 있겠지만 통일장 이론에 중력은 포함되어 있지 않습니다. 왜 그럴까요? 2장의 끝자락에서 이야기한 바와 같이 모든 기본 입자에 대한 기술은 현대 양자장 이론에 의해 기술됩니다. 좀 더 쉽게 이야기하자면 기본 입자에 대한 설명은 양자역학이 기반이 되어야 한다는 의미이고 현재 강력, 전자기력, 약력 모두 양자역학을 (엄밀히 말하면 현대 양자장 이론) 기반으로 각 상호작용을 기술하고 있습니다. 그렇지만 중력에 대해서만큼은 아직 어떻게 양자역학을 적용해야 하는지 알지 못합니다.

3장에서 자세하게 다룬 바와 같이 중력은 뉴턴에 의해 18세기에 완성되었습니다. 이후 약 200년이 지나 아인슈타인은 시공간의 개념을 바꾸어 놓는 일반 상대성이론을 만들어서 뉴턴의 중력이론을 좀 더 일반화시켰습니다. 하지만 아인슈타인의 새로운 중력이론도 양자역학적인 개념을 포함하고 있지는 않습니다(양자역학은 아인슈타인의 일반 상대성이론 후에 등장). 이에 따라 많은 현대의 이론물리학자들은 아인슈타인의 일반 상대성이론도 결국 현대 양자장 이론에 의해 다시 수정되어야 한다고 믿고, 실제로 많은 물리학자들이 그러한 연구를 끊임없이 진행하고 있습니다. 만일 그러한 이론이 만들어진다면 대통일장 이론을 넘어서는 극강의 이론이 될 것입니다. 이 새로운 이론을 어떻게 불러야 할까요? "최후의 이론" 또는 "이론의 전부"라고 불러야 할까요? 독자분들 중 이러한 연구에 도전하여 그 이론 이름의 저작권을 갖고 싶은 분은 없습니까? 당연히 물리학자들의 소원도 통일입니다. 그리고 그 통일에는 한반도의 통일뿐 아니라 자연에 존재하는 힘에 대한 통일도 있습니다.

○● 신의 입자? 힉스 입자?

입자물리학의 표준모형에는 쿼크, 경입자, 혹은 힘을 매개하는 입자들 그 어디에도 포함되어 있지 않지만 표준모형에 의해 예측되는 매우 특별한 입자가 있습니다. 이 입자는 이를 제안한 물리학자의 이름을 따서 힉스 입자라고 부릅니다.* 힉스 입자는 매우 특이한 입자입니다. 전기전하를 가지고 있지 않으며 회전속력 또한 0으로서 기본 입자 중 유일하게 0의 값을 가지고 있습니다. 그런데 질량은 매우 무거워서 양성자 질량의 약 130배 정도입니다. 그

* 이 특별한 입자를 제안한 물리학자로는 여섯 분이 계셨습니다.[25] 그중 한 분은 로체스터 대학교의 헤이겐(Hagen) 교수이시고 제가 양자역학 수업을 수강할 때 본인이 힉스 입자 관련 이론을 만들었다고 자랑하셨던 기억이 있습니다.

하회탈과 힉스 입자의 관계를 설명하기 위한 그림. 하회탈은 국보 121호로 지정된 민속공예 장신구 문화유산이라고 합니다. 탈을 쓰고 있으면 얼굴이 안 보이는 상황이 현재 힉스 입자에 대해서 거의 모르고 있다는 상황과 비슷하다는 사실을 설명하고 있습니다(적어도 의도만이라도). 참고로 위의 사진은 3장 처음에 언급한 고 강주상 교수께서 미국 국립가속기연구소인 페르미연구소 포커스 실험의 국제회의를 2002년에 고려대학교에서 개최했을 당시 제작된 기념 선물에 대한 사진입니다.

러면 힉스 입자가 표준모형에서 하는 역할은 과연 무엇일까요? 힉스 입자는 쿼크, 경입자, 그리고 힘을 매개하는 입자들(보손이라고 설명드렸었죠?)의 질량을 결정하는 역할을 합니다. 그런데 그 방식이 좀 특이해서 힘을 매개하는 입자들 중 특별히 약한 상호작용과 관련된 $W^{\pm}$, Z^0 보손들에게만 질량을 할당하게 됩니다. 이는 힉스 입자가 약한 상호작용과 매우 특별하게 관계가 있기 때문으로 설명됩니다. 30년 이상의 탐색 노력 끝에 드디어 2012년 실험적으로 발견된 힉스 입자는 아직도 많은 연구의 대상으로 남아 있습니다.

참고로 미국 버클리 대학교 물리학과 교수이자 일본의 우주수학 물리연구소의 소장인 히토시 무라야마 교수는 힉스 입자는 현재 알려져 있는 성질이 거의 없어서 "얼굴이 없는" 입자라는 논평을 했습니다. 저는 얼굴이 없는 상황도 맞고 또한 가면 또는 탈을 쓰고 있을 뿐 물리학자들이 언젠가는 탈을 벗겨 낼 것이라 확신합니다. 이에 따라 저는 〈그림 4.13〉과 같이 힉스 입자는 현재 탈을 쓰고 있어서 얼굴이 어떻게 생겼는지 잘 모르는 상황을 표현해 보았습니다.

○● 변하지 않는 물리량

입자물리학의 표준모형 테두리에서는 반응 전후에 절대로 변하지 않는 물리량들이 있습니다. 이제 그것들에 대하여 살펴보겠습니다. 우선 다음 장에서 이야기할 반물질 우주와 관계된 중입자 번호에 대한 논의입니다. 쿼크의 중입자 번호는 +1/3, 반쿼크의 중입자 번호는 -1/3로 생각해 보겠습니다. 따라서 양성자, 중성자와 같이 쿼크가 세 개 있는 중입자의 중입자 번호는 1, 쿼크와 반쿼크로 이루어져 있는 중간자의 중입자 번호는 0이 될 것이고 반양성자, 반중성자의 경우 중입자 번호는 -1로 결정됩니다. 물론 경입자와 힘을 매개하는 보손들의 경우에는 중입자 번호가 모두 0입니다. 현재까지 모든 기본 입자의 상호작용에서 반응 전후의 중입자 번호는 모두 보존되는 것으로 측정되고 있어서, 예를 들어 양성자가 양전자와 중성 파이온 중간자로 붕괴하는 반응

$$p^+ \rightarrow e^+ + \pi^0$$

은 반응 전 중입자 번호는 1이지만 반응 후 중입자 번호는 0이므로 표준모형에서는 절대 일어날 수 없는 반응일 뿐만 아니라 실험적으로도 측정하지 못한 반응입니다.* 참고로 지금까지 논의한 중입자 번호 보존법칙은 사실 쿼크의 발견 이전에 만들어진 법칙으로 현대적 입자물리학 입장에서 보면 쿼크 번호 보존법칙이라고 부르는 것이 더 옳을 것으로 보입니다. 즉 중입자 번호를 B라고 하고 쿼크와 반쿼크의 개수를 각각 n_q, $\bar{n}_q$라고 하면 $B = (n_q - \bar{n}_q)/3$으로

* 이는 앞서 소개한 양성자의 붕괴 측정을 통한 양성자 평균수명 논의와 관련된 가상적인 붕괴 방식이 되겠습니다. 물론 입자물리학의 표준모형을 벗어나는 새로운 물리 현상을 가정하면 위와 같은 중입자 번호 깨짐 현상도 기대할 수 있겠습니다.

나타날 것입니다.

쿼크 번호 보존법칙과 유사하게 경입자에서도 경입자 번호를 정의할 수 있고 또한 경입자 번호 보존법칙을 고려해 볼 수 있습니다. 우선 경입자 번호(L)는 총 경입자 개수(n_ℓ)에서 총 반-경입자 개수($\bar{n}_\ell$)를 빼 준 번호인 $L = n_\ell - \bar{n}_\ell$로 정의합니다. 예를 들어 뮤온($\mu^-$)이 전자($e^-$), 반-전자중성미자($\bar{\nu}_e$), 뮤온중성미자($\nu_\mu$)로 붕괴하는 반응에서 경입자 번호는 〈표 4.6〉과 같이 할당되어 있습니다.

또한 경입자의 경우 전자 경입자 번호(L_e), 뮤온 경입자 번호(L_μ), 타우온 경입자 번호(L_τ)를 각각 정의할 수 있고 다시 〈표 4.6〉에서 알 수 있듯이 각각의 번호 또한 반응 전후에 그 합이 보존되고 있음을 알 수 있습니다. 그리고 다음의 두 반응은 모두 전기전하를 보존하지만 경입자 번호 보존법칙에 의해서 $\bar{\nu}_e + n \rightarrow p + e^-$은 일어나지 않고 $\bar{\nu}_e + p \rightarrow n + e^+$은 일어난다는 사실을 알 수 있습니다.

그런데 흥미롭게도 경입자 번호 보존은 중입자 번호 보존과는 아주 미세하지만 약간 다른 방향으로 전개됩니다. 그 이유는 결정적으로 중성미자의 질량이 빛의 질량과는 다르게 완전하게 0이 아니라 아주 작지만 유한한 값을 가지고 있기 때문입니다. 이렇게 되면 중성미자는 움직이면서 "섞임 현상"이 발생하여 $\bar{\nu}_\mu \rightarrow \bar{\nu}_e$와 같은 반응이 매우 작지만 원칙적으로 일어날 수 있게 됩니다. 결과적으로 〈그림 4.14〉와 같은 파인만 도식을 입자물리학 표준모형 테두리 안에서 그릴 수가 있게 됩니다. 즉, 결과적으로 $\mu^+ \rightarrow e^+ + \gamma$와 같은 반응이 일어난다는 의미이고 이는 확실하게 경입자 번호

뮤온 붕괴에서 경입자 번호(L), 전자 경입자 번호(L_e), 뮤온 경입자 번호(L_μ)를 할당해 놓은 표. 반응 전후에 모든 경입자 번호의 합은 같다는 사실을 알 수 있습니다.

	μ^-	→	e^-	$\bar{\nu}_e$	ν_μ
경입자 번호 L	1		1	-1	1
전자 경입자 번호 L_e	0		1	-1	0
뮤온 경입자 번호 L_μ	1		0	0	1

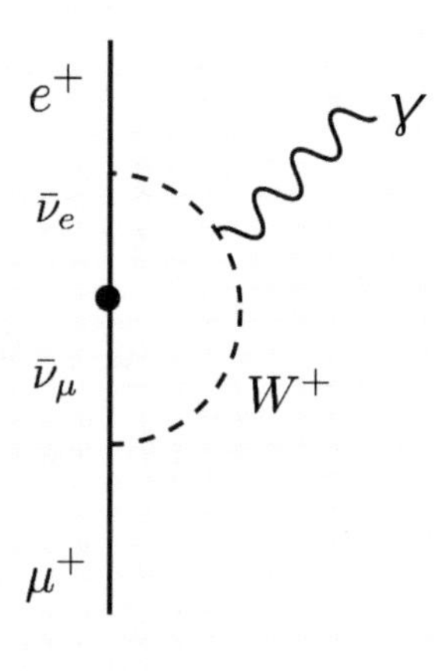

뮤온 붕괴 시 경입자 번호가 보존되지 않는 경우에 대한 파인만 도식. 수직선은 밑으로부터 위로 뮤온이 중성미자 섞임을 통하여 양전자로 바뀌는 과정을 나타내고, 반원의 점선은 W^+ 보손이 방출되었다가 다시 흡수되면서 빛알갱이(γ) 하나를 내보내는 상황을 설명하고 있습니다. 중성미자의 질량이 정확하게 0이 아니기 때문에 $\bar{\nu}_\mu \rightarrow \bar{\nu}_e$와 같은 반응이 표준모형에서 가능하게 되어 결과적으로 $\mu^+ \rightarrow e^+ + \gamma$과 같은 경입자 번호 깨짐 반응이 가능하게 됩니다. 여기서 μ^+를 굳이 사용한 이유는(μ^-대신에) 실험적으로 반응 후에 나타나는 e^+를 잡신호 없이 좀 더 깨끗하게 얻을 수 있기 때문입니다.

가 깨지는(보존이 되지 않는) 반응입니다. 〈그림 4.14〉에서 볼 수 있듯이 중성미자의 질량이 유한하기 때문에 $\bar{\nu}_\mu \rightarrow \bar{\nu}_e$ 와 같은 전이* 가 왼쪽 수직선에 포함되는 현상이 발생합니다. 그렇기는 하지만 표준모형에 따르면 $\bar{\nu}_\mu \rightarrow \bar{\nu}_e$ 이 일어날 확률은 기껏해야 10^{-54}이므로 거의 안 일어난다고 볼 수 있습니다. 쿼크 번호 보존과 경입자 번호 보존은 원칙적으로는 다르지만 수치적으로 표준모형 테두리 안에서는 거의 보존되는 것으로 이해하면 됩니다. 이처럼 다르면서도 같은 듯한 쿼크와 경입자의 반응은 참으로 신기합니다.

번외로 〈그림 4.14〉에 대한 추가적인 이야기를 해 보겠습니다. 그림에서 나타난 W^+ 보손은 일종의 고리 내부에 있기 때문에 실제로 관측되지는 않는 "가짜 입자"입니다. 여기서 가짜 입자라고 부르는 이유는 무엇일까요? 그 이유는 〈그림 4.14〉와 같은 반응이 양자장 혹은 양자역학적으로 일어나기는 하는데 내부에 있는 W^+ 입자는 관측되지 않기 때문에 이러한 경우 W^+ 입자는 3장에서 언급한 특수 상대성이론에서의 피타고라스 정리로 알려진 수식 (3.2)를 만족시키지 않는다는 의미입니다. 어렵기도 하고 신기하기도

* 좀 더 정확하게 기술하려면 중성미자는 두 가지의 양자 상태로 기술할 수 있습니다. 이는 마치 움직이는 자동차를 지상에서 보거나 빌딩 위에서 보는 상황으로 이해할 수 있습니다. 중성미자 섞임 현상은 소위 말하는 질량 기준 양자 상태에서 일어나지만 뮤온이 중성미자를 방출할 경우에는 맛깔 양자 상태에서 방출하는 것과 같이 엄밀히 말하면 미묘한 차이가 있지만, 여기서는 편의상 $\bar{\nu}_\mu \rightarrow \bar{\nu}_e$로 근사적으로 이해하고 넘어가겠습니다.

하지요? 양자역학은 이렇게 많은 신기한 일들을 가능하게 하는 아주 매혹적인 학문 분야입니다.

이제 또 다른 종류의 보존되는 물리량에 대하여 알아보겠습니다. 이를 위하여 대칭성에 대하여 먼저 설명하려고 합니다. 물리학에서 대칭성은 보존되는 물리량과 매우 밀접한 관계가 있습니다. 예를 들어 우리 일상생활 및 태양계 운동을 지배하는 뉴턴의 역학은 이것이 거울로 반사되어 나타나는 역학적 운동과 차이가 없습니다. 물론 오른손잡이가 왼손잡이로 바뀌지만 그것은 물리학이 아니라 생물학이므로 논외로 하겠습니다. 좀 더 정확하게 말씀드리면 실제 공간과 거울로 반사된 공간 간에는 세 개의 삼차원 좌표가

$$x \rightarrow -x, \quad y \rightarrow -y, \quad z \rightarrow -z$$

라는 변환 관계에 있고 이러한 변환에 대하여 뉴턴 역학을 기술하는 수식이 변하지 않는다는 뜻이 되겠습니다. 이러한 변환을 거울 변환이라고 하고 알파벳 P를 사용하여 P 변환이라고도 부릅니다. 놀랍게도 위에서 언급한 자연에 존재하는 네 가지 기본 힘 중에서 약력은 이 P 변환에 대하여 다른 반응을 보입니다. 다시 말해서 약한 상호작용은 P 대칭성을 깨는 상호작용입니다. 이는 코발트(Co) 동위원소를 이용한 실험을 통해서 밝혀졌는데, 이 실험을 잠깐 소

개하겠습니다. 원자핵 내부 중성자와 양성자의 총합이 60개이고 양성자의 수가 27개인 코발트 동위원소는 니켈(Ni) 원소로 바뀌는데, 그 붕괴 방식은

$$^{60}_{27}\mathrm{Co} \rightarrow {}^{60}_{28}\mathrm{Ni} + e^- + \bar{\nu}_e + 2\gamma$$

로 전자와 반-전자중성미자 두 개의 빛알갱이를 방출합니다. 이 반응에서 전자와 반-전자중성미자 방출은 약한 상호작용이고, 두 빛알갱이는 전자기 상호작용으로 니켈 원자가 높은 에너지 준위에서 낮은 에너지 준위로 내려가면서 방출된 빛알갱이입니다.

1957년에는 중국 태생의 미국인 물리학자 우젠슝(Chien-Shiung Wu)이 균일한 자기장 내부에 코발트 동위원소를 냉각시킨 다음 방출되는 전자와 빛알갱이의 분포를 실험적으로 측정하여 그 결과를 발표하였습니다.[26] 균일한 자기장을 걸어 주는 이유는 코발트 내부 원자핵의 회전속력 방향을 자기장 방향으로 일정하게 정렬시키기 위함이고, 빛알갱이의 분포를 측정하는 이유는 코발트가 얼마나 잘 정렬되어 있는지 보기 위함입니다. 빛알갱이의 방출은 전자기 상호작용에 의함이고 전자기 상호작용은 P 대칭성을 잘 따르는 것으로 알려져 있습니다. 그러나 코발트 원자핵의 회전속력 방향이 일정하게 정렬되어 있으면 회전 운동량이 보존되어야 하기 때문에 빛알갱이의 방향이 특정 방향을 선호해야 하고, 이 때문에 빛알갱이의 방향 분포가 코발트의 회전속력 방향이 얼마나

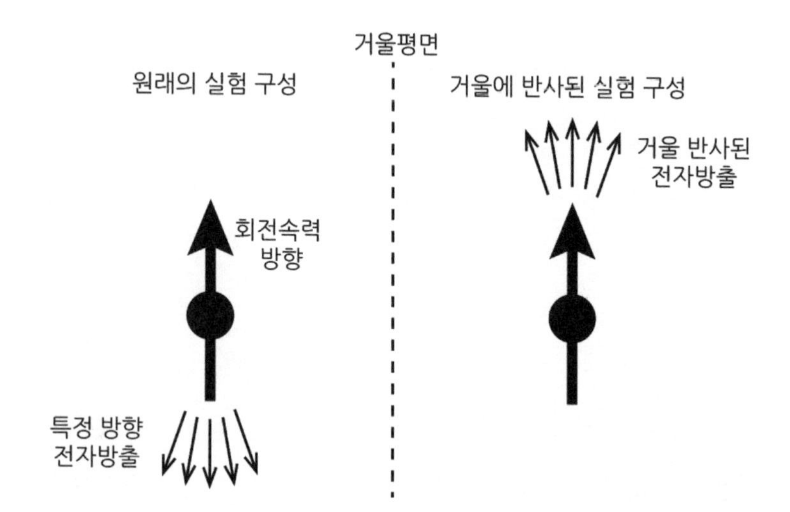

우젠숭이 1957년에 발표한 *P* 대칭성 검증 실험[26] 개념 설명. 왼쪽은 실험 구성으로, 코발트의 회전속력 방향이 커다란 화살표로 표시되어 있고 방출되는 전자의 방향이 작은 화살표들로 나타나 있습니다. 이 구성에 대한 거울 반사된 실험은 오른쪽에 나타나 있는데, 만일 전자가 그림처럼 특정 방향으로 방출되면 두 실험 구성이 다르게 되어 약한 상호작용에서 *P* 대칭성이 깨지게 된다는 사실을 의미합니다.

잘 정렬되어 있는지에 대한 잣대가 됩니다. 본 실험에서는 회전속력의 방향은 대략 60% 정도 정렬되어 있던 것으로 측정되었습니다.

이제 문제는 약한 상호작용에 의해 방출되는 전자의 방향입니다. 이 실험의 경우 약한 상호작용이 P 대칭성을 만족시키려면 실험 구성의 거울 변환과 결과가 같아야 합니다. 즉 〈그림 4.15〉와 같이 방출되는 전자가 회전속력 방향을 기준으로 특정한 방향으로 분포되면 거울 반사된 실험 구성과 달라지게 되어 P 대칭성이 깨지게 되는데, 실제 실험에 따르면 코발트 핵의 회전속력 방향의 반대쪽으로 거의 대부분의 전자가 방출되는 것으로 측정되었습니다. 이 실험은 당시 대부분의 물리학자들을 놀라게 하였지만, 오늘날에 와서 P 대칭성이 약한 상호작용에 대해서는 최대로 깨진다는 사실은 당연한 것으로 여기고 있습니다.

이제 전하반전 변환 및 관련 대칭성에 대하여 알아보겠습니다. 전하반전 변환(C 변환이라고 표현)은 입자를 반입자로, 반입자를 입자로 변환시키는 변환입니다. 예를 들어 뮤온의 약한 상호작용 붕괴의 경우 $\mu^- \rightarrow e^- + \bar{\nu}_e + \nu_\mu$로 표시할 수 있는데 이에 대한 전하 입자 변환은 $\mu^+ \rightarrow e^+ + \nu_e + \bar{\nu}_\mu$가 되고 실제로 실험적으로도 관찰되었습니다. 그렇지만 약한 상호작용에서 C 대칭성이 구현되려면 붕괴 후 입자들의 공간 분포가 같아야 하는데 실험적으로 같지 않음이 발견되어 C 대칭성 또한 약한 상호작용에 대해서는 깨진다고 알려져 있습니다.

마지막으로 위의 두 변환을 동시에 하는 소위 CP 변환에 대한 이야기로 이번 장을 마무리하겠습니다. 비록 각각의 변환은 약한 상호작용에 대하여 다른 물리 현상을 나타내지만, CP 대칭성은 깨지지 않는 것으로 1960년대까지 알려져 왔습니다. 그런데 약한 상호작용은 나머지 세 상호작용과는 참으로 다른가 봅니다. 1964년 K^0 중간자를 이용한 소위 피치-크로닌(Fitch-Cronin) 실험으로부터 약한 상호작용에서도 CP 대칭성이 약 0.001 수준으로 미세하지만 깨지게 됨을 실험적으로 규명하게 되었습니다.* [27] 신기할 따름입니다. 왜 약한 상호작용만 CP 대칭성을 깨뜨리는가, 그런데 K^0 중간자에서 CP 대칭성이 깨지는 정도는 왜 이렇게 작은가, 모두 수수께끼입니다. 이 CP 대칭성은 사실 다음 장에서 다룰 물질-반물질 비대칭성과 관계있는 매우 중요한 물리 현상으로, 다음 장에서 다시 한번 언급하겠습니다.

자, 그러면 약한 상호작용은 아무런 대칭성도 없는 망나니 같은 존재일까요? 그렇지는 않습니다. 2장 끝자락에서 언급했듯이 현대 입자물리학에서 다루는 기본 입자들은 일종의 양자장이 들뜬 상

* 여기서 한 가지 역사적인 사실을 되짚어 보겠습니다. 당시 $K^0 \to \pi^+ \pi^-$ 붕괴를 탐색하는 연구는 미국과 소련의 물리학자들 간 일종의 경쟁이었습니다. 실험의 정밀도와 K^0 중간자를 만들어 낼 수 있는 가속기의 한계로 소련 물리학자들은 1961년에 위 반응에 대한 상한선만 제시하지만[28] 미국 과학자들은 성공적으로 위 반응을 발견하게 됩니다. 우리가 배울 점은 새로운 현상을 보려는 실험을 설계할 때에는 항상 최선을 다해서 민감도를 가장 크게 해야 한다는 것입니다. 인생 사는 것과 별다를 게 없죠?

태로 해석됩니다. 약한 상호작용에 등장하는 입자들도 예외는 아니어서 모두 특별한 양자장을 이용하여 기술합니다. 양자장 이론에 따르면 모든 물리 현상은 시간의 반전 변환(T 변환이라고 표현)을 포함하는 변환인 CPT 변환에 대하여 변하지 않아야 한다고 이야기합니다. 이는 수학적으로 매우 엄밀한 증명에 의한 사실로서, 만일 여러분들이 CPT 대칭성이 깨지는 물리 현상을 실험적으로 발견한다면 그 실험이 검증되는 즉시 노벨재단에서 스웨덴 스톡홀름으로 가는 왕복 비행기 일등석을 마련해 줄 것입니다.

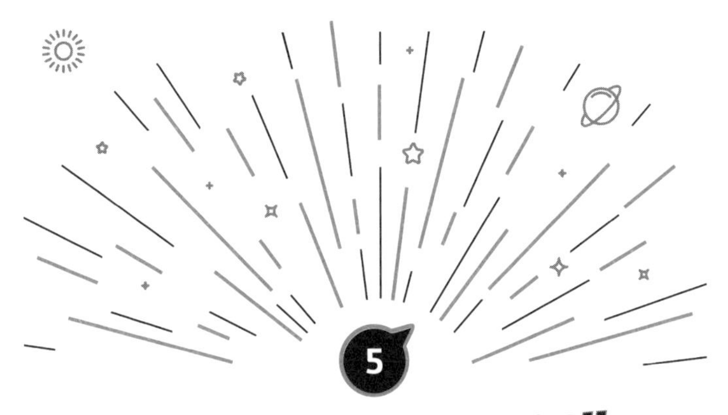

물질-반물질 문제

지금까지 우리가 이야기한 내용 중 이번 장과 관련된 사실을 정리하면 다음과 같습니다. 물질을 이루는 모든 기본 입자들의 경우, 모두 각각의 기본 입자들에 상응하는 반입자들이 존재합니다. 예를 들어 전자의 반입자는 양전자이고, 쿼크의 반입자는 반쿼크입니다. 심지어 전기적으로 중성인 중성미자의 경우에도 반중성미자가 존재합니다. 다만 예외적으로 빛의 경우에는 그에 상응하는 반입자는 존재하지 않습니다.* 이렇듯 빛을 제외한 모든 입자에는 상응하는 반입자가 존재하는데, 오늘날 반입자로 만들어진 우주

* 사실 엄밀히 말하자면 글루온, Z^0 보손과 같은 입자들도 있고 기본 입자가 아닌 경우는 중간자인 파이온(π^0)이 스스로 자신의 반입자가 되는 경우도 있습니다.

는 왜 관측되지 않을까요? 이 질문에 대한 논의가 이번 장에서 다룰 내용이 되겠습니다.

1 반물질은 어디로?

우주의 나이는 약 140억 년 정도이고 대폭발 이후 계속 팽창을 하고 있는 것으로 알려져 있습니다. 이에 대한 결정적 증거 중 하나는 〈그림 1.7〉에 나타나 있는 허블 그래프입니다. 이 허블 그래프를 기반으로 시간의 흐름을 거꾸로 생각하면 우주 초기에는 에너지 밀도 또는 온도가 매우 높았을 것으로 추측됩니다. 따라서 초기 우주의 어느 시점에는 온도가 충분히 높아서 쿼크도 강입자 혹은 중간자 내부에 속박되어 있지 않고 자유롭게 운동을 했을 것이고, 더 과거로 돌아가면 대폭발이 있었을 것이고, 대폭발은 같은 양의 물질과 반물질을 만들어 냈을 것이라는 게 일반적인 가정입니다. 대폭발 이후 높은 에너지 밀도의 상태에서 끊임없이 입자와 반입자의 소멸, 생성이 일어나게 되어 입자와 반입자의 개수가 동일하게 유지되는 평형 상태를 이루게 됩니다.

그렇다면 과연 오늘날 반물질로 이루어져 있는 우주, 혹은 우주 초기에 동일한 양으로 존재했던 반물질*은 도대체 어디로 가 버린

* 우주 초기에 물질과 동일한 양으로 존재했던 반물질은 원시(原始)

것일까요? 일단 반물질 우주가 우리 주위에 없다는 사실은 참 다행입니다. 만일 있었다면 물질인 우주와 반응하여 우리는 즉시 소멸했을 것입니다. 그렇기는 하지만 반물질 우주가 관측되고 있지 않다는 사실은 20세기 들어와서 많은 물리학자들이 고민해 왔던 가장 기본적인 문제들 중 하나입니다. 여러분들은 이 문제에 대하여 어떻게 생각하나요? 우선 가장 쉽게 생각할 수 있는 해결책으로는 반물질 우주가 있기는 하지만 물질 우주와 매우 멀리 떨어져 있어서 관찰하기 불가능하다고 생각해 볼 수 있습니다. 이러한 가능성에 대하여 현대 과학자들은 부정적으로 생각하고 있습니다. 왜 부정적으로 생각하고 있을까요?

여러분들이 알고 있는지 모르겠지만 우리가 살고 있는 우주는 사실 매우 활동적입니다. 예를 들어 매우 높은 에너지를 갖고 있는 입자들이 우주 공간을 날아다니고 있고* 이 순간에도 이러한 고에너지 입자들이 지구에 충돌하고 있습니다. 이 우주방사선 입자들은 우리 은하계 내부, 그리고 아주 먼 은하계에 있는 물질의 성분에 대한 정보를 전달해 줍니다. 다행히도 이러한 고에너지 우주방사선 입자들은 지표면에 다다르기 전에 대기에 있는 공기와 충

반물질이라고 부릅니다. 여기서 원시는 우주 초기를 뜻하며 앞으로 원시 중력파에 대한 이야기도 차차 할 예정입니다.

* 이러한 입자들을 우주방사선 또는 우주선(宇宙線)이라고 부릅니다. 우주선(宇宙線)은 우주를 날아다니는 비행체인 우주선(宇宙船)으로 생각될 수 있기 때문에 우주방사선이라는 용어를 사용하는 것이 더 적절합니다.

돌하여 소멸하거나 낮은 에너지의 입자들로 바뀌어* 평소에는 우리가 전혀 느끼지 못하게 되는 것입니다. 이를 좀 더 자세하게 살펴본 상황이 〈그림 5.1〉에 나타나 있습니다. 고에너지 우주방사선 입자들 중 대부분인 양성자가 대기 중 공기 분자와 충돌하면 강한 상호작용을 통하여 파이온($\pi^{\pm,0}$)들을 이차 우주방사선 입자들로 만들어 내게 됩니다. 전기전하를 가진 파이온 입자들은 뮤온과 뮤온중성미자로, 중성 파이온은 두 쌍의 빛알갱이로 붕괴합니다. 고에너지 빛알갱이는 다시 전자와 양전자 쌍을 만들어 내는데, 이들은 공기에 있는 분자 내부로 흡수되거나 소멸하게 됩니다.

만일 우주의 어디엔가에 반물질로 이루어진 우주가 있다면 그 반물질 우주에서 방출되는 반물질 우주방사선이 어느 정도 이상은 측정이 되어야 할 것입니다. 사실 이를 위하여 지금까지 많은 실험을 통해서 반물질 우주를 찾고자 했으나 지금까지는 모두 부정적인 결과를 얻고 있습니다.**

물론 그렇다고 반물질 우주의 존재에 대한 가능성이 완전히 배

* 지표면 근처의 우주방사선 입자는 거의 대부분이 뮤온이나 중성미자입니다. 전기전하를 가진 뮤온은 우리의 몸을 관통하면서 에너지를 남기기는 하지만 우리가 느낄 정도는 아니고 중성미자의 경우에는 아예 상호작용을 거의 하지 않습니다.

** 최근의 예로, 새로운 입자의 발견으로 1976년에 노벨 물리학상을 수상한 미국의 중국계 물리학자 새뮤얼 팅(Samuel Ting)을 중심으로 2011년에 우주정거장에 커다란 자석 분광기를 설치하여[29] 반물질 우주를 탐색하고 있는데, 현재까지는 반물질 우주에 대한 증거는 보이고 있지 않습니다.

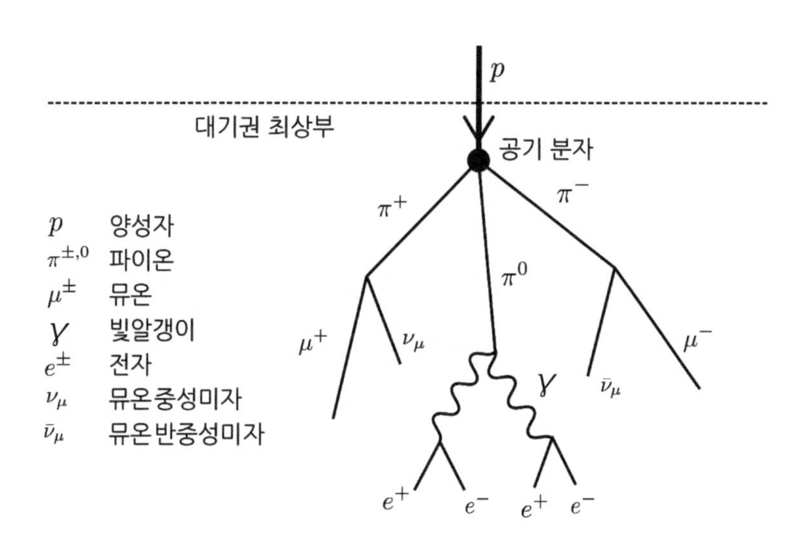

고에너지 우주방사선 양성자가 대기의 공기 분자와 충돌 후 다양한 이차 우주방사선 입자들을 만들어 내는 그림. 전자와 양전자는 대기의 공기 분자들에 의해 흡수되거나 소멸되고, 고에너지 뮤온과 중성미자들은 지표면까지 내려오게 됩니다.

제됐다는 것은 아닙니다. 다만 그 존재를 실험적 또는 관측적으로 규명하려는 지금까지의 시도에 대하여 그 어떤 힌트도 없었기 때문에, 반물질 우주가 어디에 반드시 있어야 한다는 주장보다는 우주의 팽창과 더불어 어떠한 이유로 말미암아 반물질이 대거 없어지는 물리 현상이 있었다는 주장이 현재로서는 훨씬 더 설득력 있어 보입니다. 앞으로 이 점에 대하여 좀 더 자세하게 논의해 보겠습니다.

○● 원시 반물질이 사라지려면?

1967년 당시 소련의 물리학자 안드레이 사하로프(Andrei Sakharov)는 원시 반물질이 우주의 진화 과정에서 사라지기 위하여 세 가지 조건이 필요하다는 논문을 발표합니다. 그 세 가지 조건은 다음과 같습니다.

- 중입자 번호를 깨뜨리는 반응이 존재해야 한다.
- C 대칭성과 CP 대칭성이 어느 정도 이상 깨져야 한다.
- 우주의 팽창 기간 동안 열적 평형 조건이 깨지는 기간이 있어야 한다.

지금부터 이 세 가지 조건에 대하여 차례로 알아보겠습니다.

○● 중입자 번호 깨짐 조건이 필요한 이유

중입자 번호 깨짐 조건이 필요한 이유는 간단합니다. 중입자 번호가 보존된다면 오늘날의 물질-반물질 비대칭성 문제(반물질 우주가 존재하지 않는다는 사실을 좀 더 물리학적으로 멋지게 표현한 것임)는 우주 초기의 물질-반물질 비대칭성 문제*로 바뀌게 됩니다. 그런데 앞서 말씀드린 바와 같이 우주 초기에는 쿼크와 반쿼크가 같은 양으로 존재하고 있었기 때문에 중입자 깨짐 조건이 없이는 오늘날의 물질-반물질 비대칭성 문제는 절대로 설명할 수 없습니다. 즉, 입자물리학의 표준모형으로는 설명할 수 없다는 이야기입니다. 사실 지난 장에서 언급한 반응인

$$p^+ \rightarrow e^+ + \pi^0$$

은 양성자가 양전자와 파이 중간자로 붕괴하는 중입자 번호 깨짐 반응입니다. 이러한 반응이 존재해야 오늘날의 물질-반물질 비대칭성 문제를 해결할 수 있습니다. 이러한 반응은 당연히 입자물리

* 독자분이 우주 초기에 쿼크와 반쿼크가 같은 양이었는지 어떻게 알 수 있는가에 대한 질문을 할 수도 있겠습니다. 좋은 질문입니다. 물론 우리가 우주 초기에 없었기 때문에 엄밀히 말하면 추측을 할 뿐이지만 현대의 고에너지 가속기 기반 충돌 실험의 결과를 보면 쿼크가 생성될 때는 항상 반쿼크와 같이 만들어지고 또한 우주 초기에 열적 평형 상태에서는 쿼크와 반쿼크가 항상 쌍으로 만들어지거나 소멸하기 때문에 같은 양으로 존재했을 것이라고 생각하는 것입니다.

학 표준모형에는 없는 반응으로, 우주 초기 에너지가 매우 높은 상태에서 있을 것이라고 추측되는 새로운 물리법칙에서 가능한 반응으로 이해되고 있습니다. 이 새로운 가설은 강력, 약력, 전자기력이 높은 에너지에서는 하나의 힘으로 기술될 수 있다는 대통일장 이론에서 예측되고 있으나 아직 검증된 바 없습니다.

○● C, CP 대칭성 깨짐 현상이 필요한 이유

지난 4장 마지막 부분에서 C, CP 대칭성에 대해서 잠깐 이야기를 했습니다. 초기 우주에서는 쿼크와 반쿼크가 생겨나거나 소멸하는 반응이 반복적으로 일어났으리라 생각됩니다. 이때 예를 들어 다음과 같이 중입자 번호가 깨져서 쿼크가 생기는 반응 $A \rightarrow qq$가 있다면 이 반응에 대한 CP 변환의 반응 $\bar{A} \rightarrow \bar{q}\bar{q}$도 있을 것입니다($A$는 여기서 가상의 무거운 입자). 만일 이 반응이 CP 대칭성을 깨는 반응이라면 이 두 반응이 서로 다른 비율로 나타나게 되어 쿼크와 반쿼크의 숫자는 드디어 달라질 수 있게 되는 것입니다.* 약한 상호작용에서 이미 CP 대칭성이 깨진다는 것을 알고 있기 때문에 이 두 번째 조건은 이미 만족된다고 생각하는 독자들도 있을 것입니다. 문제는 물질-반물질의 비대칭성을 설명하기 위한 C

* P 대칭성이 필요한 이유는 여기서 설명하기에는 좀 복잡한데, 양자역학에서 잠깐 언급한 간섭효과와 관계있다는 정도로 이야기하겠습니다. 즉 간섭효과가 고려되어야 하고 간섭항이 C, CP 깨짐을 주게 됩니다.

P 대칭성 깨짐은 어느 정도 이상을 요구하는데, 현재 발견된 약한 상호작용 내에서의 깨짐 정도는 매우 미미한 수준이므로 턱없이 부족합니다.[30]

이 문제를 해결하기 위하여 물리학자들은 1999년 대량의 전자-양전자 충돌 실험을 준비하였습니다. 대량의 전자-양전자 충돌에서 만들어지는 *B* 중간자(*b* 쿼크와 또 다른 쿼크로 이루어져 있는 중간자)에서 깨짐 현상을 탐구하는 실험으로, 미국과 일본에서 두 개의 서로 다른 독립적 검출기를 개발하였습니다. 여기에서는 제가 참여하였던 일본 측 실험을 잠깐 소개해 드리겠습니다.* 이 실험은 전자를 빛의 속력에 0.99996배까지 가속시켜 1초에 10^{34}개의 전자를 충돌시키는 실험으로 벨(Belle) 실험이라고 부릅니다.** 이 실험 장치는 일본 도쿄에서 차로 약 1시간 정도 떨어져 있는 쓰쿠바 시에 위치한 국립가속기연구소에 있습니다.[31]

국립가속기연구소 내에 위치한 벨 검출기의 사진이 〈그림 5.2〉에 있습니다. 벨 실험은 약 350여 명의 물리학자들이 모인 국제 공동 실험으로 한국에서도 약 40여 명의 물리학자들이 참여하였습니다.

* 사실은 개인적으로 2002~2004년 동안 미국 실험에 연구원으로 잠깐 참여한 적도 있습니다.

** B는 *B* 중간자에서 따왔고 elle는 마치 전자와 양전자의 충돌을 나타내는 것과 같다는 의미로 벨이라는 이름을 붙였다고 합니다. 저는 불어를 모르지만 "예쁜"이라는 의미도 있다고 합니다.

그림 5.2

벨 검출기 사진. 벨 검출기를 2017년에 위쪽에서 찍은 사진입니다. 높이, 폭, 길이가 대략 10미터 정도 되고 가운데 아래쪽의 뾰족한 구조는 전자를 모아 주기 위한 대형 자석입니다.

한국 그룹은 열량계라는 입자의 에너지 측정 장치 건설 및 관련 전자회로를 구축하였습니다. 1999년 실험이 시작되었고 당시 저는 박사후 연구원으로 일하고 있었습니다. 제가 담당하고 있었던 부분은 데이터 재구성 프로그램 운영이었는데 실험 초기라 모든 부분이 엉망이었습니다. 당시에는 앞에서 언급하였듯 바바(BaBar)라고 부르는 미국 실험팀과 심한 경쟁 관계에 있어서 저장한 데이터를 신속하게 재구성하여 데이터 분석을 해야 하는 상황이었고, 데이터 재구성 프로그램 운영 전체를 책임진 저는 프로그램이 잘 돌아가고 있는지 확인, 만일 문제가 있을 시에는 신속하게 대처해야 하는 일로 항상 휴대폰을 가지고 다녔습니다. 아직도 연구소 내부 3호관의 3층에 있는 소파에서 쪽잠을 자다가 휴대폰이 울리면 눈을 비비면서 정신없이 컴퓨터 모니터 앞으로 갔던 추억이 (지금은 추억이지만 당시에는 힘든 나날이었습니다) 가끔 생각나고는 합니다.

외국에서의 장기 연구생활은 가끔은 지루하기도 하고 스트레스 또한 많이 받기도 하는 생활입니다. 극심한 국제 공동 연구 경쟁에서 쏟아지는 데이터 처리에 대한 책임감은 당시에는 심적으로 엄청난 부담이 되었지만, 지금 돌이켜 보면 당시의 긴박한 상황에서 새벽까지 컴퓨터 프로그래밍을 하면서 문제를 해결하려고 했던 그 시절이 제가 가장 집중해서 일을 했던 시간 중 하나라고 자부하고, 솔직히 지금 나이 오십을 앞둔 이 시점에는 다시 도전하기 매우 힘든 일이라고 생각됩니다.

한 가지 떠오르는 에피소드가 있습니다. 제가 벨 검출기가 있는 건물인 쓰쿠바 홀 지하 2층에서 코딩에 지쳐 가고 있을 때 평소 저를 도와주었던, 저보다 한 대여섯 살 정도 더 나이가 많은 이치로 아다치 박사가 캔맥주를 들고 나타났습니다. 저는 천군만마를 얻은 것처럼 기뻐하며 한 캔을 단숨에 마시고 코딩 작업을 끝냈습니다. 이후로 우리는 급속도로 친해졌고 데이터 재구성 프로그램에 문제가 있을 때마다 아다치 박사는 맥주를 들고 저를 찾아왔습니다. 〈그림 5.3〉에 있는 사진은 제가 2000년 3월 귀국하기 전에 일본 친구들이 환송회를 열어 주었을 때의 사진입니다. 가운데 장발을 하고 책상에 반쯤 걸터앉은 인물이 필자이고 바로 왼쪽 옆에 축구공을 가지고 앉아 있는 인물이 아다치 박사입니다. 오른쪽에 보이는 축구공 사진은 당시 선물로 받은 공에 아다치 박사가 "물고기처럼 마셔라(Drink like a fish)"라고 농담조로 적은 글귀를 확대한 것입니다. 저 축구공은 참석자들이 모두 서명을 해서 선물로 주어서 지금도 사무실 한편에 자리하고 있습니다.

1999년 실험 시작 이후 2년 만에 저희 그룹은 물리학계에서 가장 권위 있는 잡지인 『Physical Review Letters』에 *C P* 깨짐 현상 관련 논문을 발표하게 되었습니다.[32] 이 논문의 첫 장과 가장 중요했던 그래프 하나를 〈그림 5.4〉에 정리하였습니다. 우선 입자물리학 실험 논문이라 참여하는 사람이 많습니다. 앞에서도 말했지만 350명

2000년 2월 26일, 귀국을 앞두고 일본 동료들이 환송회를 열어 주었을 때의 사진. 가운데 장발을 하고 책상에 반쯤 걸터앉은 인물이 필자이고 바로 왼쪽 옆에 축구공을 가지고 앉아 있는 인물이 아다치 박사입니다. 오른쪽에 삽입된 사진이 바로 선물로 받은 축구공이고, 당시 아다치 박사가 "물고기처럼 마셔라(Drink like a fish)"라고 농담조로 적은 글귀가 보입니다. 그리고 왼쪽 사진의 맨 오른쪽 아래 뒷모습만 보이는 분이 가타야마 박사인데, 이 분은 후에 현재 저의 연구에 결정적 역할을 하게 됩니다. 이 이야기는 9장에서 설명드리겠습니다.

VOLUME 87, NUMBER 9 PHYSICAL REVIEW LETTERS 27 AUGUST 2001

Observation of Large CP Violation in the Neutral B Meson System

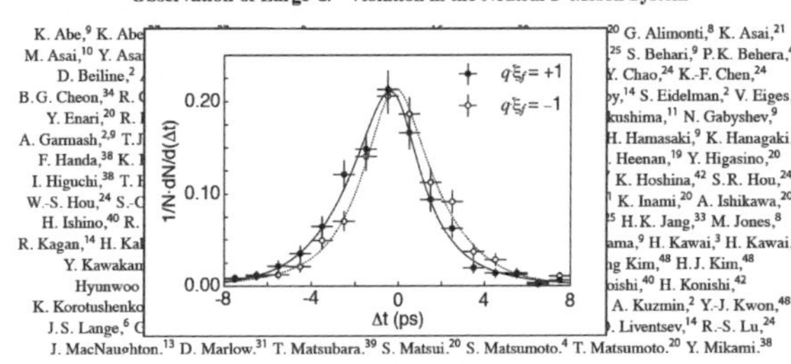
K. Abe,[9] K. Abe … [20] G. Alimonti,[8] K. Asai,[21]
M. Asai,[10] Y. Asa … [25] S. Behari,[9] P.K. Behera,[45]
D. Beiline,[2] … Y. Chao,[24] K.-F. Chen,[24]
B.G. Cheon,[34] R. … by,[14] S. Eidelman,[2] V. Eiges,[14]
Y. Enari,[20] R. … kushima,[11] N. Gabyshev,[9]
A. Garmash,[2,9] T.J … H. Hamasaki,[9] K. Hanagaki,[31]
F. Handa,[38] K. … Heenan,[19] Y. Higasino,[20]
I. Higuchi,[38] T. … K. Hoshina,[42] S.R. Hou,[24]
W.-S. Hou,[24] S.-C … K. Inami,[20] A. Ishikawa,[20]
H. Ishino,[40] R. … [25] H.K. Jang,[33] M. Jones,[8]
R. Kagan,[14] H. Ka … ama,[9] H. Kawai,[3] H. Kawai,[39]
Y. Kawakan … ng Kim,[48] H.J. Kim,[48]
Hyunwoo … nishi,[40] H. Konishi,[42]
K. Korotushenko … A. Kuzmin,[2] Y.-J. Kwon,[48]
J.S. Lange,[6] C … Liventsev,[14] R.-S. Lu,[24]
J. MacNaughton,[13] D. Marlow,[31] T. Matsubara,[39] S. Matsui,[20] S. Matsumoto,[4] T. Matsumoto,[20] Y. Mikami,[38]

그림 5.4

2001년에 발표한 CP 깨짐 현상에 관한 논문 사진. 삽입된 그림은 B 중간자와 그 반입자가 붕괴 직전까지 이동한 시간을 그린 것으로, 실선과 점선이 같지 않고 차이가 난다는 것과 CP 깨짐 현상이 밀접한 관계에 있습니다.

이나 있습니다. 그리고 삽입된 그림은 설명하기가 좀 복잡하지만 일단 B 중간자와 그 반입자가 붕괴 직전까지 이동한 시간을 그린 것으로, 중요한 것은 실선과 점선이 같지 않고 차이가 난다는 것과 CP 깨짐 현상이 관계가 있다는 점입니다. 이 논문은 B 중간자계에서 CP 깨짐 현상이 있다는 것을 최초로 실험적으로 규명한 연구 결과로서 미국 실험 결과와 더불어 2008년 노벨 물리학상 수상을 이끌어 내게 됩니다. 그렇지만 불행히도 **현재까지 밝혀진 CP 대칭성 깨짐만으로는 아직 물질-반물질 비대칭을 설명하기가 턱없이 부족한 형편**입니다. 즉, 입자물리학의 표준모형을 넘어서는 다른 방식의 CP 깨짐 현상이 필요하고 현재로서는 좀 더 높은 에너지에서 그와 같은 현상이 있지 않나 추측할 뿐입니다.

○● 열적 평형 조건이 깨지는 기간이 필요한 이유

이제 물질-반물질 비대칭성을 설명하기 위한 세 가지 조건 중 마지막 조건인 우주 팽창 시 열적 평형이 깨지는 기간이 필요한 이유에 대해서 간단히 살펴보겠습니다. 앞에서 CP 깨짐이 필요한 이유를 설명할 때 쿼크가 생기는 반응 $A \rightarrow qq$를 한 예로 들었습니다. 그런데 만일 열적 평형 조건이 만족된다면 $qq \rightarrow A$와 같은 역반응도 같은 비율로 일어난다는 의미이고, 결국 중입자 번호는 깨지지 않게 됩니다. 따라서 우주의 팽창 기간 중 열적 평형 조건이 깨지게 되는 기간이 반드시 필요하게 되고, 이는 매우 높은 온도의 초기 우주에서 깨질 수 있다고 알려져 있습니다.

지금까지 물질-반물질 비대칭성 수수께끼를 풀 수 있는 세 가지 조건에 대하여 설명하였습니다. 과연 이 세 가지 조건이 우주의 진화 과정에서 정말로 일어났는지는 현재로서는 아직 정확하게 규명되어 있지 않은 이론일 뿐입니다. 따라서 반물질로 되어 있는 우주가 우주 끝 어디엔가 있지만 우리가 실험적으로 보고 있지 못할 뿐일 가능성도 완전히 배제되어 있지는 않습니다. 저는 세 가지 조건 중 특히 *CP* 깨짐 현상이 과연 좀 더 높은 에너지 영역에서 더 많이 나타나서 물질-반물질 비대칭성을 설명할 수 있을까에 대한 실험 연구를 수행하고 있고, 이러한 기초 연구를 할 수 있는 데 대하여 재미도 느끼고 학자로서 행운이라고 생각합니다. 이제 이번 장은 미래 *CP* 깨짐 현상 측정 연구 소개를 끝으로 이야기를 마무리하겠습니다.

2 *CP* 깨짐 현상을 좀 더 찾아라!

앞서 말씀드린 벨 실험 운용은 2010년에 종료되었고, 그때 획득된 데이터는 현재까지도 분석 중에 있습니다. 이 벨 실험은 매우 성공적으로 종료되었고 2008년부터 검출기를 새로 건설하여 현재 새로운 실험을 계획하고 있습니다. '벨2'라고 부르는 실험은 기존과 무엇이 다르며 제 실험실에서는 어떠한 일을 하고 있는지 잠시 소개하여 입자물리학 실험이 과연 어떤 종류의 연구인지 여러분께 말씀드리고 이번 장을 마치겠습니다.

벨2 실험이 기존 실험과 다른 점은 전자-양전자 충돌 시 전자-양전자 충돌 비율을 약 40배 이상 높여서 예상치 못했던 새로운 형태의 *C P* 깨짐 현상을 찾아보려고 한다는 점입니다. 앞서 말씀드렸지만 현재 *C P* 깨짐의 정도는 물질-반물질의 비대칭성을 설명하기에는 터무니없이 부족한 상황입니다.* 벨2 실험은 2018년에 본격적 실험 시작을 앞두고 700여 명이 넘는 국제 공동 연구진으로 구성되어 있으며 지난 10여 년 동안 검출기 건설을 진행하여 왔습니다. 가속기 기반 입자물리학 실험의 특성상 검출기 구조는 매우 복잡하고 크기도 초대형인데, 그러한 이유로 검출기는 상용화되어 있지 않아 물리학자들이 스스로 설계 및 제작해야 하기 때문에 장기간의 건설 기간이 소요되고 있습니다. 벨2 검출기의 실제 모습은 〈그림 5.2〉와 같은 구조이고(사실은 벨 검출기 구조와 별로 다르지 않기 때문에 앞에서 그 사진이 벨 검출기 사진이라고 하였음) 이를 좀 더 개념적으로 나타낸 것은 〈그림 5.5〉에서 찾을 수 있습니다. 이 그림은 가속된 입자 다발의 경로에 수직이 되게 검출기를 잘랐을 때의 단면입니다. 일반적으로 충돌 지점으로부터 바깥으로 갈수록 원통형의 검출기들은 실리콘 기반 검출기, 가스 기반 검출기, 입자 구분 검출기, 초전도 자석, 열량계(전자기, 강입자), 뮤온 검출기가 위치하고 있음을 설명하고 있는데 벨2 검출기에는 강입자 열

* 참고문헌[30]에는 10^{-20}밖에 못 찾았다는 내용이 나오기도 합니다.

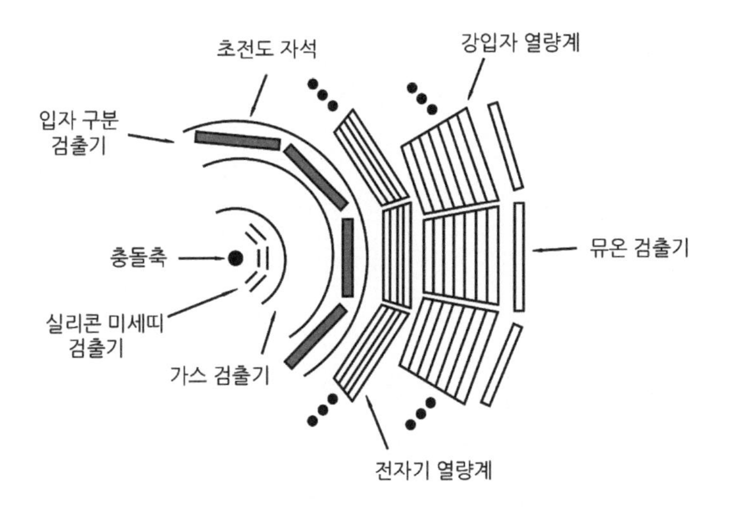

입자물리 실험용 검출기의 일반적인 구조로, 가속된 입자 다발의 경로에 수직이 되게 검출기를 잘랐을 때의 단면입니다. 일반적으로 충돌 지점으로부터 바깥으로 갈수록 원통형의 검출기들은 실리콘 기반 검출기, 가스 기반 검출기, 입자 구분 검출기, 초전도 자석, 열량계(전자기, 강입자), 뮤온 검출기가 위치하고 있음을 설명하고 있습니다.[12]

량계는 없습니다.

이 중 가스 검출기는 가스가 채워져 있는 원통형 상자에 1만 개 이상의 가느다란 전선을 원통 축과 평행하거나 혹은 조금 비틀어지게 연결해 놓은 검출기로서, 전선에 고전압을 걸어 주면 전하를 띤 입자가 지나가며 가스 분자가 이온화되고 이 이온화된 입자들이 전류를 만들어 내게 됩니다. 이 전류는 원통의 한쪽 끝으로 읽어 내어 궁극적으로는 전하 입자의 궤적을 계산할 수 있는 장치입니다. 제가 몸담고 있는 고려대학교 물리학과 소립자물리연구실에서는 이 가스 검출기를 이용하여 전하 입자의 궤적을 0.000003초 만에 삼차원으로 계산하는 연구를 2008년경에 벨2 국제 공동 실험 그룹에 제안하였습니다. 참고로 이러한 연구를 위하여 2010년 여름에 김재박, 문현기, 이동현, 김경태 대학원생들로 이루어진 저희 연구진은 일본 연구소에 두 달 동안 체류하면서 삼차원 가스 검출기 시제품을 제작하였고, 그에 대한 사진이 〈그림 5.6〉에 나타나 있습니다. 삼차원 가스 검출기는 직육면체 모양으로 1,589개의 전선이 양쪽 끝에 연결되어 있는데 길이는 2미터, 높이는 50센티미터의 크기이고 사진에서는 한쪽 끝에 고전압 인가용 장치 및 신호 읽기용 전자회로판들이 설치되어 있는 부분이 나타납니다. 그런데 왜 0.000003초라는 빠른 시간에 초고속으로 계산하는 연구를 제안했을까요? 이것에 대해서 잠깐 설명해 보겠습니다.

현대의 가속기 기반 검출기는 일단 무지하게 큰 구조입니다. 따라서 읽어 내어야 할 전기 신호의 개수도 100만 개 정도 되는데, 전

그림 5.6

저희 연구진이 일본 연구소 현지에서 직접 제작한 삼차원 가스 검출기의 사진. 삼차원 가스 검출기는 직육면체 모양으로 1,589개의 전선이 양쪽 끝에 연결되어 있는데 길이는 2미터, 높이는 50센티미터의 크기이고 사진에서는 한쪽 끝에 고전압 인가용 장치 및 신호 읽기용 전자회로판들이 설치되어 있는 부분이 나타납니다. 당시 김재박, 문현기, 이동현, 김경태 학생이 두 달에 걸쳐 제작했습니다.

자와 양전자는 0.000000004초(4나노초)마다 충돌하게 됩니다. 이렇게 자주 충돌하는데 충돌 후 파편 입자들이 만들어 내는 100만 개의 전기 신호를 모두 컴퓨터에 저장할 수 있는 기술력은 현재 존재하지 않습니다. 쉽게 말해서 초당 저장해야 할 데이터가 터무니없이 많다는 뜻입니다. 그렇지만 다행스럽게도 매 충돌마다 흥미로운 충돌이 일어나지는 않아서 검출기의 일부 신호를 초고속으로 분석하여 이 충돌을 저장할지 아니면 버릴지를 판단하는 장치가 필요하고 이를 '**방아쇠 장치**'라고 합니다.* 방아쇠 장치에서 각 검출기로 이 충돌 신호를 저장하라는 명령이 떨어지면 각 검출기 내부 메모리에 임시로 저장되어 있던 100만 개의 신호들은 비로소 컴퓨터로 전송되게 됩니다. 이에 대한 개념을 아주 간단하게 〈그림 5.7〉에 그려 보았습니다.

방아쇠 장치에서 초고속으로 분석하는 시간은 경우에 따라 다르지만 저희 연구진이 제안한 시간은 위에서 언급한 0.000003초이고, 사용할 검출기 일부 신호는 가스 검출기에서 나오는 전기 신호 일부입니다. 이러한 장치를 개발하기 위하여 〈그림 5.6〉에서 언급한 바와 같이 저희 실험실에서는 지난 2010년에 소규모의 삼차원

* 여기서 방아쇠 장치라는 표현이 좀 어색할 수도 있겠습니다. 충돌 신호의 저장 여부를 초고속으로 결정하는 부분으로, 실험 신호 처리의 핵심적 부분입니다. 영어로는 트리거시스템(Trigger System)이라고 부르고 있어서 제가 방아쇠 장치라는 표현을 사용해 보았습니다.

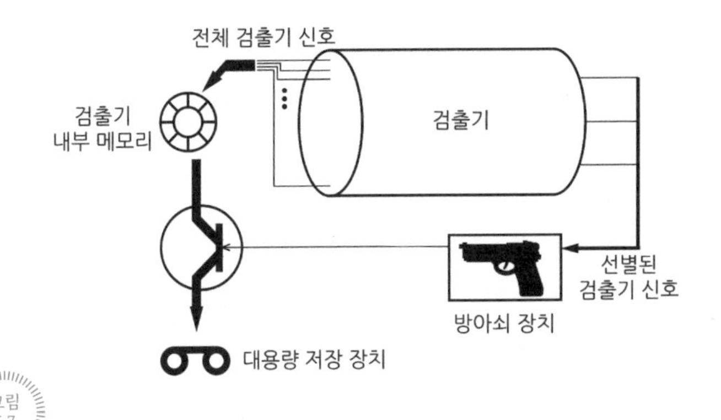

그림 5.7

가속기 기반 충돌 실험에서 방아쇠 장치의 역할. 방아쇠 장치는 선별된 충돌 신호를 기반으로 저장할 가치가 있는 충돌 신호인지를 초고속으로 판별한 후 결과를 임시로 저장하고 있는 검출기 내부 메모리 장치로 보내어 충돌 신호 전체를 궁극적으로는 대용량 저장 장치에 저장합니다.

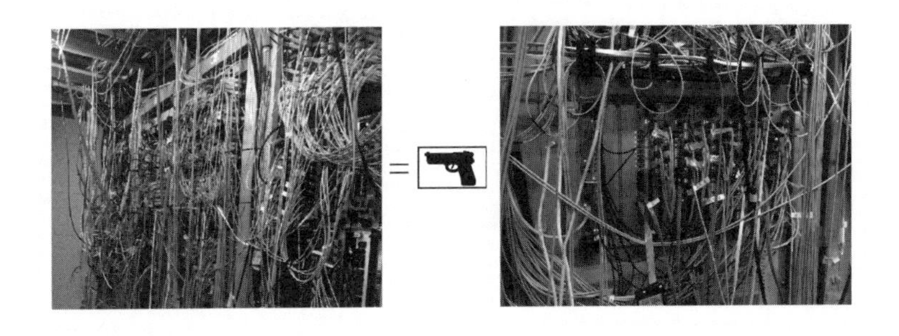

그림 5.8

본문에서 설명한 방아쇠 장치의 실제 사진. 왼쪽 사진은 벨2 검출기에서 방아쇠 장치에 대한 실제 사진이고 오른쪽에 위치한 확대 사진은 방아쇠 장치의 핵심적 부분을 나타내고 있습니다.

가스 검출기를 일본 연구소 현지에서 직접 제작한 이후, 개발하고 있는 알고리즘의 성능을 검증하고 있습니다.

시간은 많이 흘러 벌써 2018년이 되었고 저희 실험 연구진은 1월까지 개발된 알고리즘을 최종 검증하기 위하여 일본 연구소에 다시 파견을 앞두고 있습니다(2018~2019년 예정). 현재는 저희 연구진 모두 많이 긴장하고 있는 상태인데, 그도 그럴 것이 가속기 충돌 실험에서 방아쇠 장치가 작동을 하지 않으면 아예 실험을 시작할 수가 없기 때문입니다. 저도 직접 현장에 가서 상황을 점검하고 잘 마무리할 수 있도록 최선의 노력을 할 예정입니다. 물론 궁극적인 목표는 이번 절의 제목과 같이 *CP* 깨짐 현상을 좀 더 찾아보는 것이 되겠습니다. 이를 위해서 저희가 실제로 다루고 있는 벨2 실험의 방아쇠 장치 사진이 〈그림 5.8〉에 나타나 있고, 그 확대 사진은 방아쇠 장치의 핵심적 부분을 나타내고 있습니다. 꽤 복잡해 보이지요? 가느다란 여러 선들은 모두 광섬유들로서 초고속 신호 통신을 위하여 복잡하게 얽혀 있습니다. 이 방아쇠 장치의 성공적 운영을 바탕으로 양질의 데이터를 많이 받아서 *CP* 깨짐 현상을 좀 더 찾아보는 것이 저희들의 지상 과제입니다.

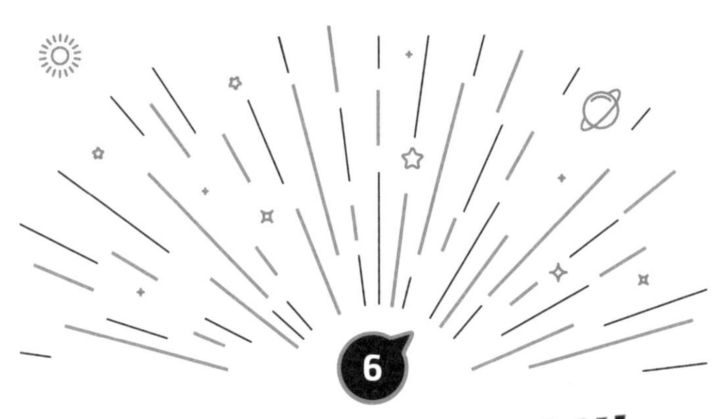

대폭발과 태초의 빛

이번 장에서는 초기 우주를 만들어 낸 역할을 했으리라 여겨지는 대폭발로부터 약 40만 년 후의 물리학에 대한 이야기를 해 보겠습니다. 계속 말씀드리지만 초기 우주는 에너지 밀도 및 온도가 매우 높은 상태로 있었다는 것을 추측할 수 있고 그 이유로서 가장 결정적 단서 중 하나는 〈그림 1.7〉에 있는 허블 그래프가 내포하는 우주 팽창과 관계가 있습니다. 우주 팽창을 거꾸로 생각하면 초기 우주는 상대적으로 매우 작았을 것이고 따라서 에너지 밀도 및 온도가 매우 높아서 전자는 원자로부터 이온화될 뿐 아니라 쿼크는 강입자로부터 벗어나 자유 입자처럼 행동하고 당시에 존재하던 빛알갱이는 전자 또는 쿼크와 전자기 상호작용을 하느라 무지 바빴을 것으로 추측됩니다. 즉, 우주가 불투명한 상태에 있었습니다. 그러다가 우주가 점점 식어 감에 따라 쿼크는 양성자를 만들기 시작하고 전자가 드디어 양성자와 만나서 전기적으로 중성인 수소 원자를 형성하여 우주 전체가 전기적 중성인 상태로 바뀌게 되는 시기가 도래합니다. 이렇게 된 이후 빛알갱이는 더 이상 전기적으로 중성인 입자와 상호작용을 하지 않고, 우주의 팽창과 더불어 자유롭게 퍼져 나가게 되어 우주는 투명해지고 이 빛알갱이들이 오늘날 우주의 사방팔방에서 관측되고 있습니다. 이 빛 알갱이들은 오늘날 우주배경복사라고 불리고 있으며 인간이 검출할 수 있는 빛 중 가장 오래된 빛이 되는 셈입니다. 이번 장의 제목에 태초의 빛이라는 표현이 이제 이해가 가시나요? 앞으로 이 우주배경복사에 대한 이야기를 풀어 가 보겠습니다.

1 대폭발의 메아리?

태초의 빛 — 우주배경복사의 발견

아인슈타인은 일반 상대성이론을 만들어 낸 이후 자연스럽게 이를 이용하여 당시 믿고 있었던 정적인 우주를 설명하려고 했지만, 구한 해가 불안정하여 실패하였던 사실을 1장에서 언급한 바 있습니다. 이후 벨기에의 천문학자 조르주 르메트르(Georges Lemaître)는 1927년 일반 상대성이론을 이용하여 1장에서 소개한 허블의 법칙 관련 수식 (1.3)을 유도하였습니다. 이는 허블이 관측으로 검증

한 시기보다 약 2년 앞서는 이론적인 업적으로 평가할 수 있고 대폭발 우주론의 시작이라고 볼 수 있겠습니다. 물론 대폭발 우주론이 바로 과학자들에게 받아들여지지는 못했고, 소위 정적인 상태 우주론과 경쟁을 하는 상황이었습니다. 정적인 상태 우주론은 정적인 우주와는 달리 우주는 팽창을 하지만 공간에서 물질이 계속 해서 만들어져서 우주의 밀도는 변하지 않는다는 이론입니다.[33] 두 이론에 대한 과학자들의 논쟁은 계속되었고 그러던 중에 미국의 천문학자인 알파(Alpher)와 허먼(Herman)은 우주 초기 빛의 복사가 오늘날에도 남아 있을 것이라는 예측을 1948년에 합니다.[34] 이러한 예측은 의외로 많은 사람들의 주목을 받지 못하였고 이에 따라 우주배경복사를 측정하려던 시도도 당연히 없었습니다.

여러분도 잘 알겠지만 2차 세계대전에서 레이더의 역할은 군사적으로 아주 중요했습니다. 레이더 관련 주요 연구 중 하나는 그 크기를 소형화하기 위해서 좀 더 짧은 파장의 범위에서 작동하는 레이더를 개발하는 것이었고, 물리학자 로버트 디케(Robert Dicke)는 미국 MIT 대학교의 방사선 연구실에서 레이더 개발에 참여했습니다. 당시 디케가 실제로 우주배경복사에 대한 중요성을 알고 있었는지는 모르겠지만(논문에 우주배경복사는 언급이 없었으나 우주물질이라는 표현이 초록에 등장함), 실제로 1946년에 배경복사의 존재에 대한 측정을 시도했습니다. 불행히도 당시의 기술로서는 낮은 온도의 배경복사를 측정할 수 없어서 배경복사가 있다면 절대온도가 20K보다는 낮을 것이라는 상한선만을 제시하였습니다.[35]

우연인지 필연인지 결국 우주배경복사는 당시 미국 벨전화기 연구소에 소속된 두 사람의 젊은 천문학자인 아노 펜지어스(Arno Penzias)와 로버트 윌슨(Robert Wilson)에 의해 발견되었습니다. 두 천문학자는 벨연구소의 인공위성 통신센터 소속의 과학자들로서 카시오페아 A*라는 초신성 잔해에서 오는 라디오파의 세기를 2% 이하의 정확도로 측정하는 임무를 맡았습니다. 이 측정 연구는 미국 뉴저지주의 크로퍼드 언덕에서 수행되었는데, 이 장소는 우연히도 프린스턴 대학교로 자리를 옮긴 디케 교수의 연구실에서 차로 한 시간도 안 되는 거리에 있는 곳이었습니다.

두 사람은 실험하는 과학자로서 아주 훌륭한 태도를 갖고 안테나에서 오는 신호를 세밀하게 분석하여 뉴욕 시에서 오는 라디오파, 핵무기 테스트 후의 영향, 심지어는 비둘기의 배설물이 안테나에 미치는 영향까지 고려하는 치밀함을 보였습니다. 1964년에 두 사람은 자신들이 고려한 모든 라디오파의 발생원을 제거한 후에도 약 -270℃의 온도에 해당하는 미약한 신호가 검출된다는 사실에 당황해하고 있었습니다.**

---

* 카시오페아 A는 초신성 폭발의 잔해로서 주파수가 1기가헤르츠(GHz) 이상인 라디오파 중 태양계 밖에 있는 가장 강력한 발생원으로 알려져 있어서 많은 천문학자들이 라디오파 관련 표준 기준으로 삼고 있습니다.

** 온도가 -273.15℃까지 내려가면 절대 온도가 0이 되고 더 이상 내려가지 않습니다. 온도가 조금이라도 있으면 물체 내의 전자는 열로 인하여 움직이게 되고 이 때문에 잡신호가 발생합니다. 펜지어스와 윌슨은 이 전자 잡신호까지 고려했는데 -270℃의 온도에 해

이러는 사이에 프린스턴 대학교의 디케 교수는 우주배경복사와 대폭발 우주의 연관성에 주목하기 시작하여 연구원들로 구성된 그룹을 만들어 매주 세미나 혹은 토론을 한 이후 근처 식당에 가서 맥주와 피자를 먹으며 토론을 계속 이어 나갔다고 합니다.[10][36] 디케 교수는 배경복사에 관심을 갖고 두 명의 젊은 연구원들에게 측정 실험을 해 보라고 이야기함과 동시에 디케 교수로부터 학위를 받은 짐 피블스(Jim Peebles) 박사에게 만일 대폭발 우주가 있었다면 배경복사의 온도가 어떻게 될지 생각해 보라고 권유했습니다. 위의 두 연구원들은 곧바로 지질학과 건물 옥상에 안테나를 설치하기 시작했습니다. 설치된 망원경은 펜지어스와 윌슨이 사용했던 망원경보다 훨씬 작은 규모였습니다.

이들이 열심히 실험 준비를 하는 동안 피블스 박사는 대폭발 우주론이 맞다면 절대 온도 0℃보다 약 10℃ 정도 높은 섭씨 -263℃에 해당되는 빛이 흑체복사의 형태로 방출될 것이라고 예측하였습니다. 기억나죠? 2장에서 흑체복사와 목욕탕 이야기를 했었습니다. 그때의 흑체복사 이야기가 여기에 다시 등장하는 것입니다(〈그림 2.1, 2.4〉 참고). 2장에서 논의했던 태양, 사우나실의 흑체복사 분포와 더불어 피블스가 예측했던 10℃의 온도를 갖는 흑체복사 분포를 비교하기 좋게 같이 그려서 〈그림 6.1〉에 나타내었습니다. 〈그림 2.1, 2.4〉에 있는 곡선과 모양이 달라 보이는 이유는, 이

당되는 미세한 신호의 존재로 인하여 당황했던 것입니다.

그림에서는 수직·수평축 모두 10만큼 커지거나 작아질 때 눈금이 같도록 그림을 그렸기 때문입니다.* 태양에서 오는 흑체복사에 비해서 우주배경복사의 크기는 무려 10^{15}배 이상 작다는 사실을 알 수 있고, 이는 우주배경복사의 측정이 그렇게 쉽지 않음을 뜻합니다.

피블스는 본인이 하고 있는 대폭발 우주론에 근거한 배경복사 연구에 매우 흥미를 느끼고 있었고, 1965년 2월 19일 미국 메릴랜드주 볼티모어 시에 있는 존스홉킨스 대학교에 세미나 초청을 받아 배경복사 연구에 대한 내용을 발표하였습니다. 그 세미나를 듣던 청중들 중 한 명은 라디오파 천문학자이면서 피블의 옛 친구였던 카네기연구소 소속의 케네스 터너(Kenneth Turner)였는데, 터너는 피블스의 인상 깊은 강연을 듣고 카네기연구소로 돌아와 동료인 라디오파 천문학자 버나드 버크(Bernard Burke)에게 강연 내용을 전하면서 우주에 있는 배경복사 이야기를 했습니다. 그런데 우연히도 버크는 펜지어스의 친구였고 후에 다른 일로 펜지어스와 전화 통화를 하다가 하고 있는 실험이 어떻게 진행되고 있는지 물었습니다. 펜지어스는 당시 골머리를 앓던, 예상치 못한 미약한 잡신호에 대하여 언급하였습니다. 버크는 곧바로 피블스가 있는 프린스턴 그룹의 배경복사 연구 내용을 말해 주고 혹시 그들로부터 무엇인가를 배울 수 있지 않을까 이야기하였습니다.

* 이러한 눈금 표시 방법을 로그(log) 눈금이라고 부르고 있습니다.

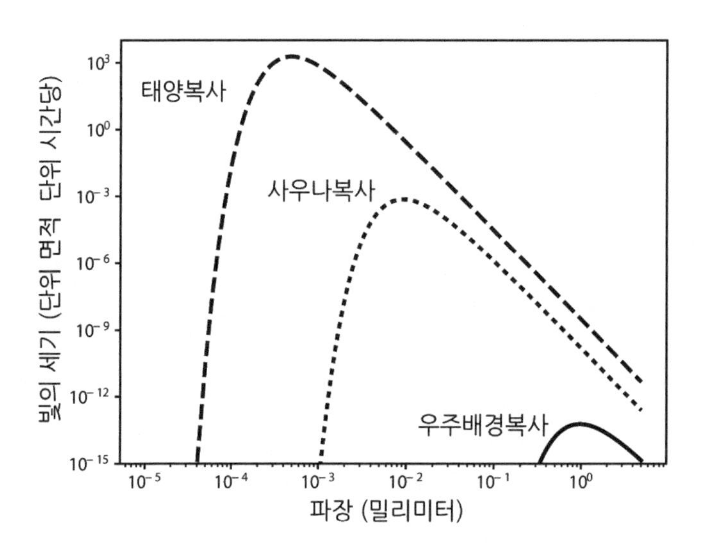

온도가 6,000℃인 태양복사, 40℃ 인 사우나복사, -263℃로 피블스가 예측했던 우주배경복사에 대한 빛의 세기를 나타낸 그림. 〈그림 2.1, 2.4〉와 모양이 달라 보이는 이유는, 이 그림에서는 수직·수평축 모두 10배만큼 커지거나 작아질 때 눈금이 같도록 그림을 그렸기 때문입니다. 태양에서 오는 흑체복사에 비해서 우주배경복사의 크기는 무려 10^{15}배 이상 작다는 사실을 알 수 있고, 이는 우주배경복사의 측정이 쉽지 않음을 뜻합니다.

프린스턴 그룹의 대장인 디케는 늘 그랬듯이 본인의 사무실에서 그룹 사람들과 점심을 먹으며 회의를 하던 중 펜지어스로부터 아주 중요한 전화를 받게 됩니다. 한 시간 가량의 긴 통화 끝에 디케는 피블스를 포함한 동료들을 바라보며, "여러분, 우리가 한발 늦었습니다"*라는 이야기를 했다는 유명한 일화가 있습니다.[36] 대폭발 우주론에 대하여 잘 몰랐던 라디오파 천문학자인 펜지어스와 윌슨이 우주배경복사를 처음으로 발견한 이유는 단순히 피블스로부터 버크까지 이어지는 우연한 인맥 때문이었을까요? 여러분들은 어떻게 생각합니까? 저는 그렇지 않다고 생각합니다. 앞에서 잠깐 언급했듯이 펜지어스와 윌슨은 실험과학자로서 반드시 갖추어야 할 인내심과 측정에 대한 정확성, 실험 결과를 세밀하게 분석할 수 있는 능력을 다 갖추었고 이러한 태도가 배경복사를 처음으로 발견할 수 있는 커다란 원동력이 되었다고 생각합니다.

다음 날 디케 그룹은 차로 한 시간도 안 되는 곳에 위치한 크로퍼드 언덕의 벨연구소에 가서 펜지어스와 윌슨이 얻은 측정 결과를 보고 대폭발의 메아리가 드디어 발견되었다는 확신을 하게 됩니다.

이후 또 하나의 재미있는 일화가 있습니다. 펜지어스, 윌슨과 프린스턴의 디케 그룹은 각각 두 개의 논문을 천체물리학 학술지

* 제가 점잖게 번역했는데 원문은 "Well boys, we've been scooped" 입니다. "아, 얘들아, 우리 물먹었다" 정도가 더 친숙한 번역인지도 모르겠습니다.

『Astrophysical Journal』에 연속적으로 게재하는데 벨연구소 논문은 측정 결과를, 프린스턴 그룹의 논문은 이론적인 해석에 대해서 쓰는 것에 동의하였습니다. 그런데 펜지어스와 윌슨은 본인들의 측정 결과가 대폭발 우주론의 결정적 증거로 해석되는 데 대하여 여전히 주저하고 있었습니다. 그도 그럴 것이 당시 측정 결과는 사실 우주배경복사가 흑체복사 분포를 따른다는 사실을 증명한 것이 아니라, 파장이 7.35센티미터인 한 지점에서만 측정을 했기 때문에 엄밀히 이야기하면 흑체복사 분포를 따른다고 확신하는 측정은 아니기 때문입니다. 당시 펜지어스와 윌슨의 논문[37]에 기술된 내용을 살펴보면 우선 제목은 "4080Mc/s에서 안테나 온도 초과에 대한 측정"*으로 실험 결과에 대한 객관적 설명만 간략하게 되어 있습니다. 그리고 논문의 초록을 보면 잡신호에 의한 초과 온도가 약 3.5±1.0℃** 정도 더 높게 측정되었다고 기술하고 있습니다. 그 어떤 해석도 없이 실험적으로 측정된 사실만을 정확하게 기술한 셈입니다.

반면 프린스턴의 디케 그룹은 정반대의 입장을 취하는 논문[38]을 펜지어스와 윌슨의 논문 바로 앞에 발표하였습니다. 제목은

* 여기서 Mc/s는 megacycles per second, 즉 초당 100만 번 진동한다는 의미로 주파수가 4.08기가헤르츠 또는 파장의 길이가 7.35센티미터가량 된다는 의미입니다.

** ±1.0이란 표현의 뜻은 1.0이 측정오차라는 의미입니다. 즉 펜지어스와 윌슨의 실험은 그 정확도가 (1.0/3.5)×100~30%인 실험이라는 의미입니다.

"우주 흑체복사"이고 결론 부분에는 펜지어스와 윌슨의 측정 결과는 흑체복사를 암시한다는 내용을 담았습니다. 두 그룹의 성격이 좀 다르죠? 나중에 이야기하겠지만 우주의 배경복사가 흑체복사 분포를 따른다는 실험적 증거는 좀 더 후에 등장하게 됩니다.

○● 저희 실험실 이야기

잠시 역사적으로 대폭발과 배경복사가 어떻게 측정되었는지에서 벗어나 제가 최근 시도하고 있는 실험 이야기를 한번 해 보겠습니다. 저희 실험실에서는 최근 대학생 대상 실험용으로 우주배경복사 온도 측정 실험을 소규모로 꾸미고 있습니다. 기본적인 방법은 우선 하늘에서 내려오는 배경복사를 받아서 그 온도를 측정하는 것입니다. 이를 위하여 배경복사 전자기파를 한곳에 모아 주는 거울이 필요합니다. 이는 기본적으로 알루미늄과 같은 금속으로 이루어진 오목한 구형판이면 되는데 여러분들의 집에 있을지도 모를 위성 방송 수신기를 사용하면 됩니다. 그 후에는 한곳에 모인 마이크로파를 증폭시킨 후 높은 주파수의 신호를 낮은 주파수의 신호로 낮추고 필터를 통과시켜 원하는 주파수의 신호를 골라내는 작업이 필요합니다. 사실은 기본적으로 여러분의 핸드폰에서 계속적으로 벌어지고 있는 신호 처리인데, 저희는 크기가 상대적으로 아주 작은 신호를 다루기 때문에 조금 더 어려운 면이 있습니다.

이와 더불어 온도 보정용 액체질소통, 마이크로파를 안테나로

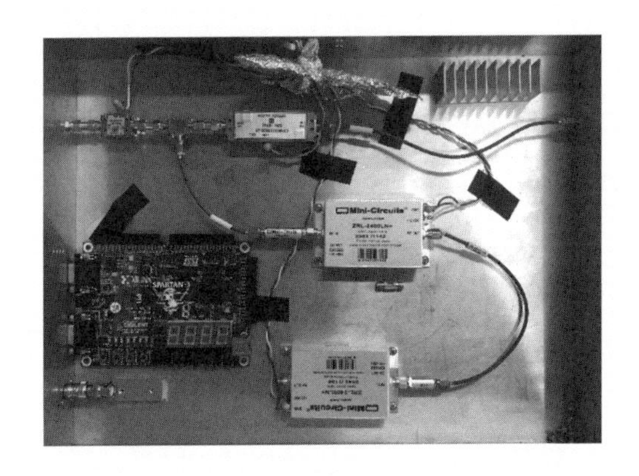

그림 6.2

안테나에서 모인 마이크로파를 처리하는 회로의 사진. 알루미늄 상자 내부의 사진으로, 가운데 작은 네모 모양의 부품들은 증폭기 및 주파수를 바꾸는 데 필요한 믹서라고 부르는 부품입니다. 왼쪽에 위치한 전자회로는 실험 전체를 제어하는 데 사용한 핵심 부품입니다.

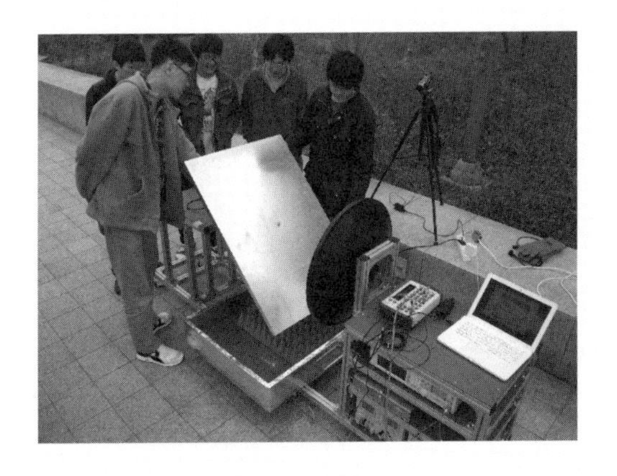

그림 6.3

고려대학교 아산이학관 앞마당에서 실험을 준비하는 사진. 가운데의 커다란 판이 반사거울, 동그란 모양의 원판은 안테나 구조, 그 오른쪽으로는 전자회로 및 주파수 생성기, 데이터 획득 장치 등이 보입니다. 반사거울 밑으로는 액체질소를 가득 부어 놓을 액체질소통이 위치하고 있습니다. 왼쪽부터 2014년 당시 최지훈, 이동현, 문현기, 김재박, 이경민 학생이 실험을 준비하고 있습니다.

반사시켜 주는 커다란 알루미늄판, 마이크로파를 전기 신호로 변환시켜 주는 검출기, 전기 신호를 컴퓨터에 저장시켜 주는 데이터 획득 장치, 끝으로 전원 공급 장치까지 있으면 기본적으로 실험을 할 수 있게 됩니다. 〈그림 6.3〉에 있는 사진은 2014년 처음으로 고려대학교 아산이학관 앞마당에서 저희 학생들과 실험 장치를 준비하는 모습입니다.

실험의 핵심은 전기 신호로 변환된 마이크로파를 온도와 연결시키는 작업입니다. 이때 알려진 온도의 흑체복사를 이용하여 보정 작업을 합니다. 통상 상온(20℃), 액체질소(-195℃), 액체헬륨(-269℃)의 온도에 해당되는 흑체복사를 이용하는데, 저희 실험 측정에서는 고가의 액체헬륨을 살 수가 없어서 이를 생략했습니다. 그 결과 무려 -300℃라는 터무니없는 결과가 나왔습니다. 이 책을 다 쓰고 난 후에 앞으로 차차 실험을 좀 더 다듬고 액체헬륨을 이용한 보정을 보다 완벽하게 해서 정확한 측정을 해 볼 작정입니다.

○ ● 배경복사가 흑체복사? — 살 빼기 작전

이제 1964년에 펜지어스와 윌슨에 의하여 발견된 배경복사가 흑체복사로 정확하게 측정된 인공위성 실험에 관하여 설명하겠습니다. 1974년 28살의 존 매더(John Mather) 박사는 여섯 명의 다른 과학자들과 함께 우주배경복사 위성(Cosmological Background Radiation Satellite) 과제를 나사, 즉 미국 항공우주국에 제출합니다. 이 프로젝트는 추후 발전되어 코비(COsmic Background Explorer:

COBE) 위성 프로그램이 되었고, 이 코비 인공위성에는 세 가지의 독립적 장치가 설치되었습니다. 그중 하나는 원적외선 절대 분광 광도계라고 부르는 장치*입니다.[39] 원래 코비 위성 설계는 기존의 델타로켓이라는 발사체를 사용한다는 가정하에 이루어졌는데, 미국 항공우주국에서는 당시 우주왕복선을 사용하는 것에 전념을 하려던 시기라 불행히도 정책이 바뀌어 인공위성은 우주왕복선을 발사체로 하여 다시 설계되었습니다. 코비 인공위성 제작에 대한 예산은 조금씩밖에 주어지지 않았지만 1986년에 이르러 우주로의 발사를 위한 조립이 시작되었습니다. 그런데, 일부 독자분들이 기억하실지 모르지만, 1986년 1월에 우주왕복선 챌린저호가 발사 후 73초 만에 비극적으로 폭발하게 됩니다.** 이로 인하여 미국의 우주왕복선 프로그램은 적어도 일시적으로 전면 폐지되게 되어 코

* 용어가 어렵죠? 쉽게 풀어 쓰면 파장이 0.1~10밀리미터 영역에 있는 빛의 세기의 절댓값을 측정하는 장치로 이해하면 되겠습니다. 여기서 중요한 사실은 펜지어스와 윌슨의 측정에서는 단일 파장에서의 세기만 측정했는데 이 장치로는 0.1~10밀리미터 영역에서 측정했다는 점입니다.

** 이 사건의 발단으로서 오른쪽 고체로켓에 있는 고무 성분의 O-링이 제대로 역할을 하지 못한 것으로 밝혀졌습니다. 몇 차례 발사가 연기된 우주왕복선 챌린저호는 최종 1월에 발사가 되었는데, 당시 날씨는 많이 추운 편이었고 기술자 일부가 추운 날씨로 인하여 O-링이 제 역할을 할 수 없을지도 모른다는 주장을 펼쳤다고 합니다. 그런데 이러한 주장이 효과적으로 잘 전달이 되지 못한 이유가 『과학분야에서 발표의 기술』이라는 책[40]에 나타나 있습니다. 여러분들은 자신의 생각을 얼마나 잘 남에게 전달하고 있습니까? 생각보다 쉬운 일이 아님을 이 책을 읽으면 알 수 있습니다.

비 인공위성 발사 또한 불가능하게 되었습니다.

시간이 흐른 후, 원래 계획이었던 델타로켓을 이용한 발사를 할 수 있었는데, 한 가지 문제는 델타로켓은 우주왕복선에 비해서 발사체의 능력이 현저히 떨어진다는 것이었습니다. 이로 인하여 코비 인공위성은 약 2톤이나 되는 무게를 줄여야 했고 이는 거의 원래 무게의 반이나 되는 양이었습니다. 그야말로 대대적 **살 빼기 작전**이 수행되었습니다. 결국 많은 부분을 다시 뜯어고쳐서 1989년 11월 18일에 코비 인공위성은 계획된 궤도에 성공적으로 진입하게 되었습니다.

발사 후 두 달이 채 안 되는 1990년 1월 워싱턴에서는 미국천문학회가 열렸고 이때 존 매더는 많은 청중들 앞에서 측정된 온도의 분포를 공개하였습니다. 〈그림 6.4〉는 당시 논문에 실린 결과를 나타내고 있습니다.[41] 실험 결과는 흑체복사 예측이론과 1% 이내로 정확하게 일치하고 있는데, 흥미로운 사실은 〈그림 6.4〉의 결과는 단지 9분 동안의 측정에 의한 것이라는 점입니다.

이 결과가 나타남으로써 드디어 대폭발 우주론이 공식적으로 받아들여지는 결정적 계기가 마련되었다고 저는 생각합니다. 물론 프린스턴의 디케 그룹은 훨씬 전에 논문에서 대폭발의 증거라고 이야기했지만, 실험을 하는 물리학자로서 저는 좀 더 조심스러운 입장이라 그렇습니다. 사실 대폭발의 증거가 우주배경복사뿐만은 아닌지라 프린스턴의 디케 그룹 논문이 더 맞을지도 모르겠습니다.

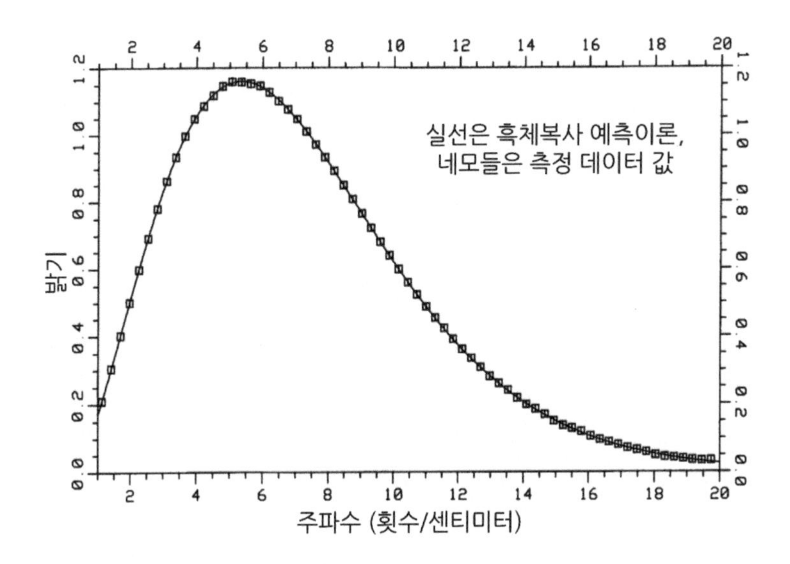

1990년 1월에 코비 인공위성이 측정한 우주배경복사의 스펙트럼 결과.[41] 수직축은 측정된 마이크로파의 밝기(숫자는 별로 중요하지 않음), 수평축은 주파수로 되어 있습니다. 주파수는 단위 시간당 진동하는 횟수인데 단위가 (횟수/센티미터)라고 되어 있는 이유는, 우선 원문의 표시가 그렇게 되어 있기 때문이고 또한 진동수의 값을 구하려면 빛의 속력을 곱해 주어야 합니다. 이에 따르면 밝기가 가장 강한 주파수는 약 150GHz 정도 되는 셈입니다. 실선은 흑체복사 예측이론으로 실험값과 잘 일치하고 있습니다. 미국천문학회의 허가를 받아 그림을 넣었습니다.

2 대폭발 메아리 형성은 언제, 어떻게?

이번 장 첫 부분에 잠깐 우주가 불투명한 시기에서 투명한 시기로 바뀌면서 탈출한 빛알갱이가 바로 대폭발의 메아리로 생각할 수 있는 우주배경복사라고 언급한 바 있습니다. 이번에는 이 과정과 우주배경복사 온도의 공간 분포는 어떻게 관찰되는지에 대하여 알아보려고 합니다. 이를 알아보기 위하여 우주의 나이에 대한 여러 가지 다른 표현 방식을 먼저 설명드리겠습니다.

우선 독자분들에게 가장 친숙한 우주의 나이 표현은 140억 년일 것입니다. 그런데 이 숫자는 매우 큰 숫자로, 다루기가 매우 힘들기 때문에 물리학자들은 여러 가지 다른 방법으로 우주의 나이를 표현하고 있습니다. 우선 팽창하는 우주의 상대적 크기를 나타내는 눈금계수 $a(t)$가 있었고 이는 수식 (1.4)에 소개된 바 있습니다. 많은 서적에서 오늘날 눈금계수의 값은 1이고 우주 초기의 것은 매우 작은 값으로 표현합니다(꼭 그럴 필요는 없지만 일종의 임의적으로 결정한 것으로 생각하면 되겠습니다). 〈그림 6.5〉에 현재의 우주 나이가 대략 100억 년이라고 가정하고 우주가 늙어 감에 따라 눈금계수 $a(t)$가 어떻게 변화하는지를 제가 한번 계산하여 그려 보았습니다. 다음 장에서 이야기하겠지만 현재 측정되고 있는 암흑에너지, 암흑물질, 보통의 물질, 우주배경복사 에너지 밀도가 각각 0.7, 0.25, $(0.05-5\times10^{-5})$, 5×10^{-5}임을 가정하고 $a(t)$에 대한 미분방정식을 제가 수치적으로 풀어 본 것입니다.

두 번째의 우주 나이 표현은 소위 말하는 적색편이를 생각할 수 있겠습니다. 우주가 팽창함에 따라 먼 거리에 있는 다른 은하계가 우리로부터 멀어지고 있다는 사실은 이미 말씀드렸습니다. 사실 이러한 사실을 알게 된 근거는 먼 거리에 있는 은하에서 방출되는 전자기파의 파장이 더 길게 관측된다는 사실로부터 출발합니다. 파장이 길어지는 이유는 이미 1장에서 설명한 바 있고, 이 효과를 적색편이라고 표현하였습니다. 통상 적색편이의 정도를 나타내는 매개변수로 알파벳 z를 사용하는데 좀 전에 이야기했던 눈금계수 $a(t)$와는

$$a(t) = \frac{1}{1+z}$$

이라는 관계가 성립합니다. 수학을 좋아하는 독자분들을 위하여 정리하면 눈금계수와 적색편이는

$$\begin{aligned} a(t) &\in (0, 1] \\ z &\in [0, \infty) \end{aligned}$$

과 같은 범위를 갖게 되어 오늘날 두 변수의 값은 $a=1$, $z=0$입니다. 수학에 취미가 있는 독자분들께서는 위의 표현에서 $a=0$, $z=\infty$인 시간은 제외되어 있음을 눈치챘을 것입니다. 앞으로 논의하겠지만, 정확히 우주가 탄생한 그 순간에 대해서는 아직도 많은 논

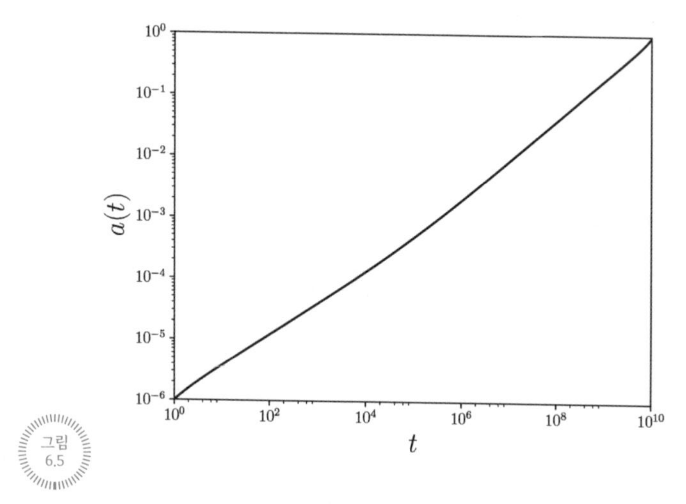

그림 6.5

우주가 팽창함에 따라 연당 눈금계수 $a(t)$가 변화하는 그림. 우주의 나이가 대략 100억 년(=10^{10}년)이라 가정하고 눈금계수 $a(t)$를 그렸습니다. 다음 장에서 이야기하겠지만 현재 측정되고 있는 암흑에너지, 암흑물질, 보통의 물질, 우주배경복사 에너지의 상대적인 밀도가 각각 0.7, 0.25, (0.05-5×10^{-5}), 5×10^{-5}임을 가정하고 $a(t)$에 대한 미분방정식을 풀어 본 것입니다.[42]

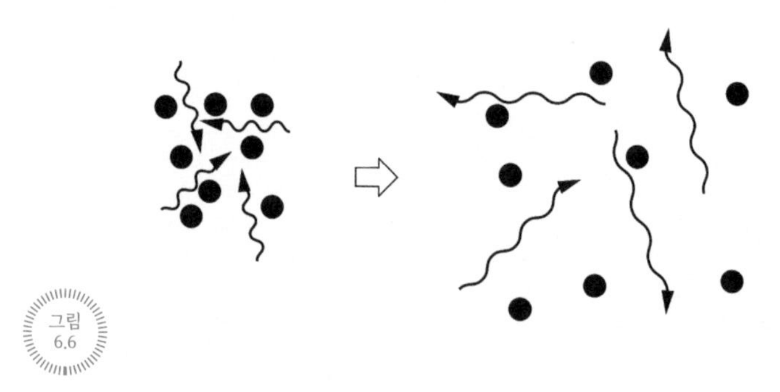

그림 6.6

초기 우주가 팽창하여 온도가 식어 감에 따라 자유 전자와 빛알갱이들이 충돌하는 상황을 설명한 그림. 왼쪽은 상대적으로 자유 전자가 많아서 빛알갱이들이 끊임없이 전자와 충돌하지만, 오른쪽 그림에서는 우주가 충분히 팽창하여 남은 자유 전자는 상대적으로 적어져서 빛알갱이들이 자유롭게 공간을 활보하는 상황입니다. 이때 우주가 투명한 상태로 바뀌는 것입니다.

의가 전개되고 있음에도 물리학자들이 정확하게 이해하고 있지는 못하고 있음을 암시하고 있습니다. 그래서 이 책의 제목으로 우주 탄생의 비밀이 아니라 "**우주 탄생의 비밀을 찾아서**"라는 좀 더 완곡한 표현을 고민 끝에 정했습니다.

우주 급속팽창 이론에 의하면 우주 초기에는 온도가 매우 높아서 다음과 같은 반응은

전자 + 양성자 ⟷ 수소 원자 + 빛알갱이

반응과 역반응이 같은 비율로 나타나는 열적 평형 상태에 있게 되고, 이때 빛알갱이들은 또한 자유 전자와 당구공처럼 끊임없이 충돌하느라 무지하게 바쁜 상황입니다. 즉 빛알갱이들이 바빠서 자유롭게 움직이지 못하여 우주는 불투명한 상태에 있게 됩니다. 이로부터 우주가 어느 정도 팽창하면 열적 평형이 깨지게 되어 수소 원자와 빛알갱이가 생성되는 반응이 많아지고 자유 전자는 점점 줄어들게 되어 우주는 투명하게 됩니다. 물론 이때 자유롭게 된 빛알갱이가 바로 우주배경복사입니다. 배경복사를 관찰하는 우리의 입장에서 보면 배경복사 빛알갱이들은 관측하는 우리 인간이 중심인 커다란 구면으로부터 출발하여 도착하는 것으로 생각할 수 있고, 따라서 이 구면을 최종산란표면이라고도 부릅니다.

그런데 이러한 상태의 전이는 어느 특정 시간에 일어나는 것이 아니라 시간을 두고 천천히 일어나게 됩니다. 그 이유는 열적 평형

이 깨지게 되는 과정이 통계적인 반응으로 비교적 천천히 일어나는 데다가 수소 원자의 양자역학적 상태가 하나만 있는 것이 아니라 그것이 들뜬 상태까지도 고려해야 하기 때문에 그 과정은 좀 더 복잡해져서 결과적으로 우주배경복사의 탄생은 좀 더 지연됩니다. 따라서 오늘날 우리가 보는 우주배경복사는 각각 다른 시기에 마지막으로 산란되었고 〈그림 6.7〉에서는 배경복사가 특정한 시기, 즉 특정한 적색편이의 값에 마지막으로 산란되었을 상대적 확률을 보여 주고 있습니다.[43] 이 그림에 의하면 대부분의 배경복사는 대략 $z = 1,100$일 경우에 가장 많이 만들어졌고 이때 우주의 나이는 대략 대폭발 40만 년 후입니다. 자, 이제 이 책 전체를 통해서 가장 중요한 질문 중 하나인 "**이 당시 배경복사의 온도는 우주의 모든 곳에서 균일했을까요?**"라는 질문에 대하여 논의해 보겠습니다.

앞에서 말씀드린 코비 인공위성에는 원적외선 절대 분광광도계 이외에 또 다른 하나의 중요한 검출 장치가 설치되었습니다. 이는 라디오파 차등 측정기(Differential Microwave Radiometers)라고 부르는 장치로서[44] 총 네 개의 동일한 모듈로 구성되어 있습니다. 한 모듈은 두 개의 안테나에서 수신된 라디오파의 에너지 차이를 측정합니다. 차등 측정기라는 말은 에너지의 차이를 측정한다는 의미입니다. 이러한 측정의 목적은 우주배경복사의 온도가 등방적인가를 알아보는 데 있습니다. 즉, 배경복사의 온도는 최종산란표면에서 동일했는가를 알아보는 것입니다. 이는 1980년부터 지대한 관심의 대상이었는데, 그 이유는 대폭발 이후 초기 우주를 지배하

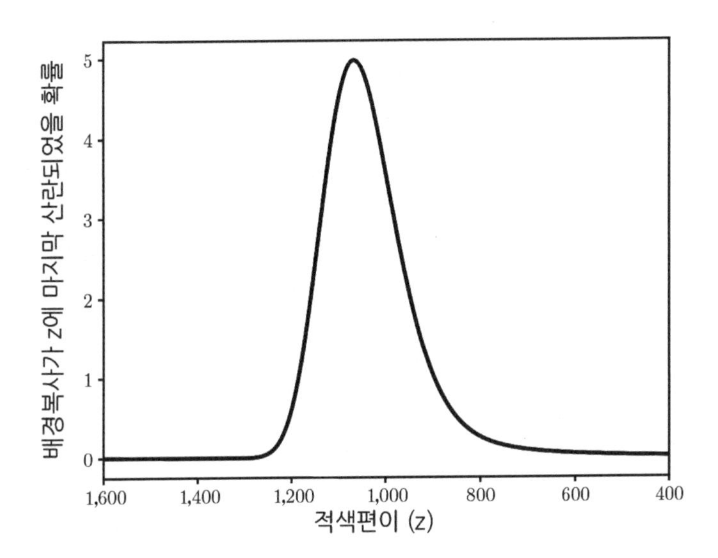

배경복사가 특정한 적색편이의 값이 마지막으로 산란되었을 상대적 확률 그림에 의하면 대부분의 우주배경복사는 z = 1,100일 경우에 마지막으로 산란되었는데 이때 우주의 나이는 대략 대폭발 40만 년 후입니다.

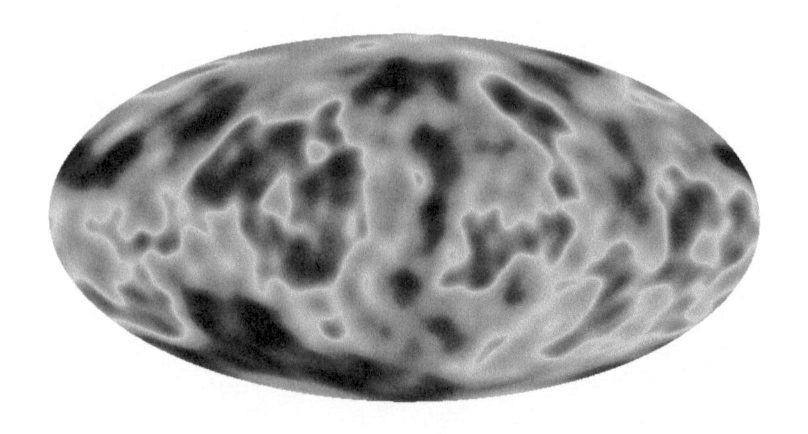

그림 6.8

원시 우주배경복사의 온도 분포를 천구상에 나타낸 그림. 이 그림은 제가 컴퓨터 시뮬레이션으로 계산 후 그린 것으로, 색이 어두운 부분은 온도가 상대적으로 낮은 부분, 밝은 부분은 온도가 상대적으로 높은 부분입니다. camb[45]라고 불리는 프로그램으로 계산하고 그렸습니다.

는 물리학에 대한 많은 정보를 갖고 있기 때문입니다.

우선 대폭발 40만 년 후에 형성된 최종산란표면에 있는 서로 다른 방향에서 오는 배경복사는, 만일 우리가 관측하기에 그 각도가 몇 도 이상 떨어져 있으면 당시에는 충분히 멀리 떨어져 있어서 서로 인과적으로 연결이 될 수 없는 거리입니다. 즉 빛이 주어진 시간에 도달하기에는 충분히 멀어서 두 곳의 온도가 일반적으로 다르게 예측됩니다.* 물론 얼마나 달라지는가를 다시 한번 이야기하면 대폭발 이후 초기 우주를 지배하는 물리학에 따라 달라지게 되는 것입니다. 즉 만일 초기 배경복사의 온도 분포를 천구상에 나타내면 〈그림 6.8〉의 형태와 같이 나타날 것입니다. 이 그림은 제가 컴퓨터 시뮬레이션으로 계산 후 그린 것으로, 색이 어두운 부분은 온도가 상대적으로 낮은 부분, 밝은 부분은 온도가 상대적으로 높은 부분입니다.

1992년 미국 버클리 대학교 소속의 조지 스무트(George Smoot) 교수가 이끄는 라디오파 차등 측정기 연구 그룹은 배경복사의 온도비등방성에 대한 논문을 발표하는데** 그 내용은 배경복사에는

* 이는 8장에서 좀 더 자세하게 다루겠습니다.

** 배경복사의 온도 비등방성을 발견한 조지 스무트와 배경복사가 흑체복사라는 사실을 규명한 존 매더는 2006년 노벨 물리학상을 공동 수상하게 됩니다. 재미있는 일화로 조지 스무트는 대외 활동에도 많은 관심을 가져서 미국의 시트콤인 〈빅뱅이론〉에도 등장하고 이화여자대학교 교수로 활동한 당시 정수기 광고에도 등장한 바 있습니다.

비등방성이 존재하지만 그 크기는 매우 작아서 10만 분의 1 수준이라는 것입니다.[46] 이 사실은 두 가지 측면에서 매우 중요한데 우선 비등방성이 있다는 사실이고 또한 그 크기가 10만 분의 1로서 매우 작다는 사실입니다. 이는 현재의 물리학 지식으로 설명하기 매우 힘든 사실로, 유일한 설명은 최종산란표면 형성 당시에 빛의 속력은 현재보다 100배 정도 컸다는 가정인데 이는 받아들이기 매우 힘든 가설입니다. 앞에서 언급했듯이 각도가 몇 도 이상 떨어져 있으면 온도가 다를 것이 예측되었지만, 10만 분의 1 수준이라는 사실은 기존의 물리학으로 설명하기 매우 어렵습니다. 이 사실에 대한 추가적 설명과 새로운 이론에 대한 내용은 좀 전에 언급한 바와 같이 8장 초기 우주 급속팽창 논의에서 다시 자세하게 다루겠습니다.

우주 예산 부족 문제

우주 예산 부족 문제라니요? 독자분들께는 이러한 제목이 좀 낯설게 느껴질지도 모르겠습니다. 이번 장의 주제는 우리 우주를 구성하는 모든 에너지의 형태에 대한 논의입니다.

우리가 보고 느끼고 있는 우주를 구성하는 에너지는 우리가 생각하는 것보다 훨씬 많은 형태로 존재하고 있습니다. 예산 부족이라는 표현은 바로 이를 쉽게 설명하기 위하여 사용한 것이고, 앞으로 이에 대하여 자세하게 설명하겠습니다.

1 암흑물질

○● 암흑물질? 투명물질?

암흑물질은 무엇일까요? 20세기 초 제안된 가상의 물질인 암흑물질은, 보이지는 않지만 중력의 효과로만 그 존재를 알 수 있는 가상의 물질로 여겨졌고 이에 대한 탐색은 1922년 캅테인(Kapteyn)과 진스(Jeans)에 의해 시작되었습니다.[47] 두 천문학자들은 이 가상의 암흑물질*을 태양계 주변에서 찾으려고 노력했고, 실제로 암흑물질이라는 단어를 처음으로 도입한 천문학자들입니다. 물론 이 암흑물질 탐색은 태양계에 존재한다는 가상의 물질을 탐색하는 것으로, 이번 장에서 이야기하고자 하는 우주 암흑물질과는 관계없습니다. 이제 본격적인 암흑물질 이야기를 해 보겠습니다.

20세기 들어 광학 분야는 많은 발전을 하게 되고 이에 따라 망원경의 기술도 획기적으로 발전을 하게 됩니다. 따라서 우주를 관측하는 방법도 급진전하게 됩니다. 1933년 천문학자 프리츠 츠비키(Fritz Zwicky)는 코마 성단을 관측하다가 한 가지 문제점을 발견합니다. 코마 성단에는 많은 은하계들이 있는데 당시에는 망원경으

* 사실 명확히 기술하려면 투명물질이라고 명명해야 합니다. 빛알갱이가 암흑물질을 지나면 흡수되지 않기 때문에 관찰자는 암흑물질 뒤에 있는 모든 물체를 볼 수 있어야 합니다. 따라서 투명물질이라고 명명했었어야 한다고 저는 늘 주장하지만 이미 늦었습니다.

로 측정된 성단의 밝기로 성단 전체의 질량값을 계산하였습니다. 한편 츠비키는 적색편이 현상으로 측정한 은하계의 속력을 바탕으로 독립적으로 성단 전체의 질량값을 계산하였는데* 그 값이 성단 밝기로 측정한 질량값보다 약 400배가량 크게 나왔습니다. 이를 설명하려면 코마 성단 내부에 중력의 효과만 있고 망원경으로 볼 수 없는 물질이 존재해야 한다는 결론을 내리게 되고 이를 츠비키는 "암흑물질"이라고 논문에서 언급했습니다.[48] 과학의 역사에서 반복되듯이 츠비키의 혁명적 발견 또한 오랫동안 학계에서 무시되어 왔습니다.

암흑물질의 존재 규명에 있어서 츠비키의 방법과는 전혀 다른 새로운 시도는 시간이 좀 더 흐른 1970년경에 이루어지게 됩니다. 여러분들은 모두 태양계에 지구를 포함한 행성들이 태양을 중심으로 거의 원형에 가까운 타원 궤도를 따라 운동하고 있다고 배웠을 것입니다. 또한 운동속력은 태양에 가까운 행성일수록 더 빠르다는 사실도 알고 있을 것입니다. 그런데 왜 그럴까요? 그 이유는 가까운 행성은 태양이 더 세게 끌어당기고 따라서 원운동을 유지하기 위해서는 더 빨리 운동을 해야 하기 때문입니다. 약간 더 정량적으로 말하면 태양으로부터의 거리가 r이라고 할 때 속력은 $1/\sqrt{r}$에 비례하게 됩니다. 실제로 태양에서 가장 가까운 수성은 초당

* 이는 질량을 가진 많은 입자들이 움직일 경우 전체 질량과 속력의 평균값은 특별한 관계가 있다는 사실로부터 계산한 것으로, 중력에 의한 질량이라고 해석할 수 있습니다.

약 50킬로미터의 속력으로 운동하는 반면 지구는 약 30킬로미터 밖에는 안 되는 속력으로 운동합니다. 이와 같은 상황을 태양계 전체 행성에 대해서 〈그림 7.1〉에 나타내 보았습니다. 앞에서 설명한 바와 같이 태양에서 먼 행성일수록 더 천천히 궤도 운동을 한다는 사실을 알 수 있습니다.

이러한 원리를 마찬가지로 원형으로 회전하는 은하계에 적용하는 연구도 망원경 기술의 발전에 의하여 20세기 중반 이후부터 활발해졌고, 이로 인하여 회전하는 은하계에 대하여 중심으로부터의 거리와 별의 궤도속력을 측정하게 되었습니다. 이 측정으로부터 〈그림 7.1〉과 같은 경향을 갖는 결과를 예측했지만, 실제로 별의 궤도속력은 중심으로부터의 거리와 관계없이 일정한 값을 갖는 것으로 측정되었습니다. 이 사실을 설명하기 위해서는 관측한 은하의 내부에 눈으로는 볼 수 없지만 중력을 가진 "암흑물질"이 후광처럼 퍼져 있어야 한다는 가정이 필요한 셈입니다. 즉 회전 은하계에서 별의 궤도속력과 중심으로부터의 거리 관계는 〈그림 7.2〉로 이해되는 것입니다. 이는 사실 암흑물질이 있어야 하는 가장 강력한 증거 중 하나로 인식되고 있습니다.

암흑물질 존재의 두 번째 증거로는 중력렌즈 효과*를 들 수 있

* 아인슈타인의 상대성이론에 의하면 질량이 있는 곳의 공간은 휘어지고 이 휘어진 공간을 따라 빛도 휘게 됩니다. 마치 렌즈의 효과와 비슷하여 이 현상을 중력렌즈 현상이라고 부릅니다. 이 중력렌즈 현상을 이용하여 천문학적 대상의 위치 및 질량을 알아낼 수 있습니다.

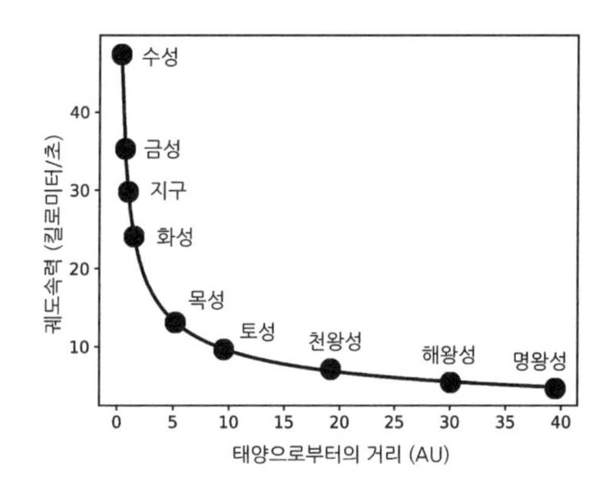

그림 7.1

태양계 내의 행성들에 대하여 궤도속력과 태양으로부터의 거리 관계를 표시한 그림. 검은 동그라미는 측정 결과이고 곡선은 뉴턴 역학에 따른 이론적 예측(태양으로부터의 거리가 r이라고 할 때 속력은 $1/\sqrt{r}$에 비례)을 나타내고 있습니다. 거리가 멀어짐에 따라 속력은 급격하게 줄어들고 있음을 알 수 있습니다. 그림에서 거리의 단위 AU는 지구와 태양의 평균거리에 해당됩니다(요새는 태양계에 포함이 안 된다는 명왕성도 그냥 포함했습니다).

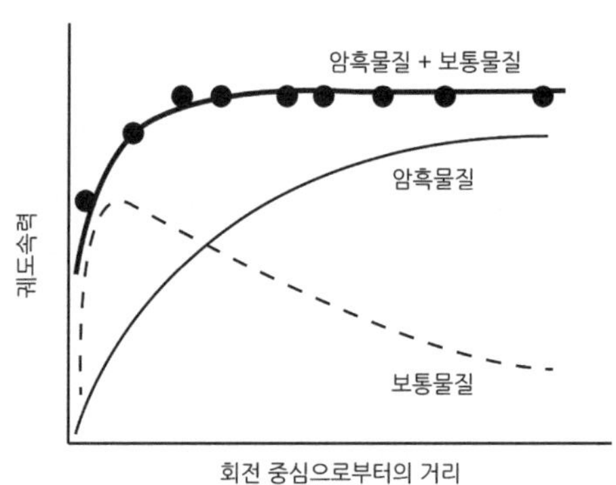

그림 7.2

회전하는 은하에서 별의 속력과 회전 중심으로부터의 거리의 관계를 설명하는 그림. 관측되는 별(검게 칠해진 원)의 속력은 〈그림 7.1〉과는 달리 거의 편평하며 이는 가는 실선으로 나타나는 암흑물질이 있어야지만 설명 가능합니다. 굵은 실선은 암흑물질과 보통물질의 효과를 더한 "이론적" 예측으로 이해하면 되겠습니다. 위의 그림은 실제 측정 결과는 아니고 정성적인 설명을 위한 그림입니다.

습니다. 〈그림 7.3〉에서는 허블 망원경으로 관측한 중력렌즈 효과 사진과 그 개념에 대하여 설명하고 있습니다. 위쪽 사진은 'SDSS J1038+4849'라는 이름이 공식 명칭인 은하계 성단을 허블 망원경으로 찍은 사진입니다. 얼굴 모양에 눈, 코, 입이 있는 것처럼 보여서 "허블이 관측한 웃는 얼굴"로 알려져 있습니다. 아래쪽의 그림은 암흑물질과 같은 무거운 물체를 지나는 빛은 공간이 휘어져 있기 때문에 경로도 휘게 된다는 것을 설명하고 있습니다. 이렇게 무거운 질량 때문에 빛이 휘게 되는 것은 마치 렌즈에 의해 빛이 굴절되는 것과 유사하여 중력렌즈 효과라고 부릅니다. 이러한 효과가 관찰자의 눈으로 들어오는 모든 빛에 대하여 일어나기 때문에 관찰자 입장에서는 별의 모양이 마치 원모양처럼 보이게 되고 이것이 바로 〈그림 7.3〉의 위쪽에서 "얼굴"로 나타나게 되는 것입니다. 이러한 중력렌즈 효과를 정량적으로 분석하면 근처에 질량이 어느 정도가 있는지를 파악할 수 있는데, 이렇게 계산한 질량값은 밝기로 계산된 질량값보다 훨씬 더 크다는 사실이 밝혀졌습니다. 앞에서 설명드렸던 츠비키의 방법과 어떠한 면에서는 유사하다고 할 수도 있겠습니다.

최근 또 하나의 증거는 총알 성단의 관측에서 이루어졌습니다. 총알 성단은 우리로부터 약 37억 광년 떨어져 있으며 두 개의 성단이 충돌하고 있는 구조로 관측되었습니다. 충돌 후 온도가 급상승하여 강한 엑스선 방출이 발견되었고, 이는 매우 뜨거운 가스 성분이 전자기적 상호작용을 하여 천천히 움직인다는 증거로 이해됩

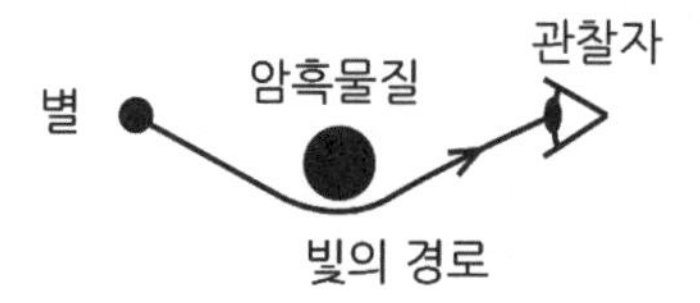

허블 망원경으로 관측한 중력렌즈 효과 사진과 그 개념에 대한 그림. 위쪽 사진은 'SDSS J1038+4849'로 이름 붙여진 은하계 성단을 허블 망원경으로 찍은 사진입니다. 얼굴 모양에 눈, 코, 입이 있는 것처럼 보여서 "허블이 관측한 웃는 얼굴"로 알려져 있습니다. 아래쪽의 그림은 암흑물질과 같은 무거운 물체를 지나는 빛은 공간이 휘어져 있기 때문에 경로도 휘게 된다는 것을 설명하고 있습니다. 위쪽의 사진은 주디 슈미트(Judy Schmidt)에 의해 "허블의 숨겨진 보물"이라는 온라인 사진첩에 등록되었다고 합니다.

니다. 그렇지만 중력렌즈 효과에 의한 성단 대부분 질량의 위치 측정에 의하면 천천히 움직이는 성단 쪽이 아니라 마치 성단 내부에 암흑물질이 있고 이 암흑물질은 성단 충돌 후 속력이 감소하지 않으며 가스와는 달리 서로 스쳐 지나가고 있다는 결론을 내릴 수 있게 됩니다.

마지막으로 한 가지 증거만 더 들어 보겠습니다. 최근 우주론 연구를 하는 물리학자들 중 일부는 우주 전체의 팽창과 진화에 대하여 컴퓨터로 시뮬레이션을 하고 있습니다. 당연히 우주 전체에 대한 계산으로, 그 규모가 매우 크고 계산도 복잡합니다. 하지만 많은 그룹은 우주에 암흑물질이 없으면 태양과 같은 별이나 은하계, 성단이 만들어질 수 없음을 발견하였습니다. 즉 중력이 충분하지 않아서 질량을 가진 물질들이 서로 모이지 않는다는 뜻입니다. 다시 말해, 암흑물질이 없으면 우리 인간도 존재하지 않는다는 의미인데 〈그림 4.13〉을 설명할 때 등장했던 히토시 무라야마 교수는 암흑물질은 우리 모두의 엄마이기 때문에 반드시 우리는 그것을 찾아내어 태어나게 해 주어서 감사하다는 말을 해야 한다고 했습니다. 그래야 되겠지요?

○ ● 암흑물질의 정체?

이러한 암흑물질은 지구, 태양과 같은 보통물질의 최소 다섯 배 이상 많은 양이 우주에 퍼져 있는 것으로 알려져 있습니다. 그러면 과연 암흑물질은 무엇일까요? 현재로서는 그 성질이 전혀 알려진 바 없고 여러 가지 가설이 있을 뿐입니다.

우선 우주 어디엔가에 아주 무겁지만 빛을 내지 않는 암흑별이 있다는 가정을 할 수 있고, 이 가정은 앞에서 언급한 중력렌즈 현상을 통하여 검증할 수가 있습니다. 그런데 현재까지 우주 전체의 중력렌즈 현상 측정에 의하면 암흑별과 같은 대상은 있긴 있어도 많지 않을 것이라는 실험적 상한선이 있고, 이는 암흑물질이 보통의 물질보다 다섯 배 이상 우주에 퍼져 있다는 현대 우주론 기반 측정 결과를 설명할 수가 없습니다. 중력이라는 힘은 전에도 이야기했지만 참으로 놀랍습니다. 중력이 네 가지의 기본 힘 중에서는 가장 약하지만 그럼에도 불구하고 **그 어떤 대상도 중력으로부터 숨어 지낼 수는 없는 셈**입니다.

또 하나의 암흑물질 후보는 보통의 물질과 중력 이외에는 다른 상호작용을 거의 하지 않는 입자의 형태로서, 회전은하 예에서 언급한 것처럼 후광처럼 은하계를 감싸고 있다고 생각되고 있습니다. 이는 아주 작은 '입자 암흑물질' 이론입니다. 그렇지만 과연 얼마나 작은지, 또 얼마나 무거운지에 대한 예측은 이루어지고 있지 않습니다. 다만 은하계에 뿌려져 있으며 별로 빠르게 움직이지도 않는다는 예측이 있을 뿐입니다.

그러면 이에 대한 관측 혹은 실험적 존재 규명은 어떻게 할 수 있을까요? 이러한 가상의 암흑물질 입자는 일반적으로 물질과 반응을 거의 하지 않지만, 아주 드물게 원자핵과 탄성 충돌을 할 수 있습니다. 이때 튕겨져 나가는 원자핵이 전기적 신호를 생성할 수 있는데, 이 작은 신호를 검출할 수 있도록 극도로 민감한 검출기를 놓습니다. 다행스럽게도 우리 태양계가 은하계 중심을 기준으로 회전하고 있기 때문에 우리 입장에서는 이 암흑물질 입자가 대략 초당 200킬로미터를 움직이게 되어 반응확률도 높아지고 원자핵이 만들어 내는 전기 신호도 좀 더 커집니다. 그렇지만 워낙 전기 신호가 작아서 보통은 아주 조용한 지하에서 실험을 하게 됩니다. 왜 지하로 갈까요? 그것은 바로 5장에서 소개드렸던 우주방사선 때문입니다. 특히, 우주방사선 입자 중 뮤온 입자는 땅속까지도 들어갑니다. 물론 많은 양의 뮤온 입자들은 에너지를 잃고 땅속 어딘가에서 정지하지만, 일부는 검출기를 통과하여 암흑물질 입자 충돌 신호처럼 보이는 가짜 신호를 만들게 되는 것입니다. 따라서 지하로 갈수록 실험의 민감도가 좋아지게 됩니다.

전 세계의 물리학자들은 이러한 입자로서의 암흑물질을 찾기 위해서 지금도 끊임없이 노력하고 있습니다. 우리나라에서도 기초과학연구원의 지하실험연구단에서 현재 강원도 양양에 소재한 양양 양수발전소의 진입터널을 이용하여 입자 암흑물질 탐색을 수년째 진행하고 있습니다. 양양에 있는 이 실험실의 초기 전경은 〈그림 7.4〉에 나타나 있습니다. 암흑물질을 찾기 위하여 어두운 것은 아니고 터널 내부에 위치하고 있어서 사진이 어두운 것이지만 개인적으로 암흑물질 탐색 실험에 매우 적절한 환경이라고 생각합니다.

그림 7.4

양양 양수발전소 진입터널 끝 근방에 있는 지하실험연구단 실험실 사진(서울대학교 물리천문학부 김선기 교수께서 사진을 제공해 주셨습니다). 암흑물질을 탐색하는 장소답게 매우 어두운 환경입니다.

○● 암흑물질과 이휘소 박사

갑자기 1977년 불의의 교통사고로 미국 일리노이주에서 사망한 이휘소 박사에 대한 이야기를 꺼내서 다소 의아해하실 수 있겠습니다. 하지만 입자물리의 약한 상호작용에 대하여 연구를 하시던 이휘소 박사는 놀랍게도 당시 암흑물질의 이론적 연구에도 중요한 역할을 하였습니다. 이 책을 쓰는 2017년은 이휘소 박사가 타계하신 지 40주년이 되는 해이기도 하고, 마침 암흑물질에 대하여 이야기를 하고 있기 때문에 적절한 기회라고 생각되어 잠깐 암흑물질과 이휘소 박사, 그리고 3장 처음에 말씀드린 이휘소 박사의 대표적 한국인 제자이자 고려대학교 물리학과 교수로 재직했던 강주상 교수에 대한 이야기를 잠깐 해 보겠습니다.[49]

이휘소 박사는 교통사고로 사망하기 전에 우주론 연구에도 관심을 갖고 1979년 노벨 물리학상을 수상하게 되는 미국의 물리학자 스티븐 와인버그와 함께 논문 한 편을 게재합니다.[50] 이 논문에서는 암흑물질의 후보 중 하나인 가상의 무거운 중성미자가 있다면 우주론의 입장에서 보았을 때 그 특성이 어떻게 제한되는가에 대해 설명하고 있습니다.

이휘소 박사의 대표적 한국인 제자인 고려대학교 강주상 교수가 고려대학교 물리학과에 몸담고 있는 동안 수많은 박사, 석사를 배출하였는데, 그중 강주상 교수의 제1호 박사는 현재 서울대학교 물리천문학부에 재직 중인 김선기 교수입니다. 우연인지 필연인지 김선기 교수는 1990년대 후반부터 입자 암흑물질 탐색 실험을 국내에서 최초로 시도하게 됩니다. 또다시 우연인지 필연인지 모르겠지만 필자는 당시 서울대학교에서 병역특례 전문연구요원으로 김선기 교수의 연구 그룹 내에서 국내에서 최초로 시도하는 암흑물질 실험에 동참하여 실험 초기의 척박한 환경 속에서 경쟁력 있는 실험을 꿈꾸어 왔습니다. 당시 같이 고생했던 분들로는 김영덕 교수(기초과학연구원 지하실험연구단 단장), 김홍주 교수(경북대학교)가 떠오릅니다.

2016년 8월에 저는 은퇴하신 강주상 교수를 오랜만에 찾아가게 되었고, 이때 강주상 교수로부터 석사학위를 받고 유학을 간, 충돌의 여왕으로 더 잘 알려진 시카고 대학교의 김영기 교수도 합류하였습니다. 그날이 마침 강주상 교수의 생신이었고 그때 찍은 기념사진이 〈그림 7.5〉에 나타나 있습니다. 그날은 서울대 김선기 교수, 그의 아내이자 강주상 교수의 제자인 명성숙 박사, 한양대 천병구 교수, 시카고대 김영기 교수, 필자 등이 참석했는데, 안타깝게도 그 누구도 그날이 강주상 교수와의 마지막 만남이 되리라고는 생각지 못했습니다.

이휘소 박사가 암흑물질 이론적 연구를 시작했고 그의 제자의 제자인 서울대 김선기 교수는 국내 최초로 암흑물질 탐색 연구를 시작하였습니다. 묘한 연결고리라고 생각됩니다. 이러한 노력은 3수 끝에 창의연구사업이라는 연구비 수주로 연구의 발판을 마련하여 현재 기초과학연구원 지하실험연구단이 만들어지게 되는 눈부신 성과를 거두었습니다. 어떤 의미일까요? 이는 우리나라 암흑

2016년 8월 강주상 교수 댁을 방문했을 당시의 사진. 앉아 계신 분이 고 강주상 교수, 그 오른쪽에는 충돌의 여왕으로 알려진 시카고 대학교의 김영기 교수, 맨 왼쪽부터 서울대 김선기 교수, 김선기 교수의 아내이자 강주상 교수의 제자인 명성숙 박사, 그리고 가운데에 한양대 천병구 교수가 생신을 축하하고 있습니다. 저는 어디 있습니까? 당연히 필자는 사진을 찍고 있습니다.

물질 연구가 국제적 수준에 올랐음을 뜻합니다. 이는 1990년대 후반기부터 무려 20여 년 이상의 장기적 노력에 대한 결과로 학계에서 인식되고 있습니다.

위의 내용을 바탕으로 제가 말하고 싶은 것은, 이와 같이 기초과학 분야에서 어느 정도의 성과를 이루려면 과학자들은 인내심을 가지고 장기적인 연구를 수행해야 한다는 점입니다. 연구비를 지원하는 정부도 단기에 과시적 성과를 바라는 것이 아니라, 수십 년 동안 지원할 수 있는 행정적인 기반을 마련해 놓아야 한다는 사실을 잊지 말아야 합니다. 또한 독자 여러분들에게도 장래에 꼭 물리학이 아니더라도 각 분야에서 성공하기 위해서는 강인한 인내심이 요구된다는 점을 당부드리고 싶습니다.

2 수수께끼의 암흑에너지

암흑물질도 이해하기 어려운데 암흑에너지는 또 어떠한 대상일까요? 이제부터 이 암흑에너지에 대하여 설명해 보겠습니다. 제가 물리학을 전공하는 대학원생일 때조차도 저도 암흑에너지라는 단어를 접해 보지 못했습니다. 제가 박사학위를 받고 일 년 후인 1998년에 천문학에서는 중대한 관측 결과가 있었는데[51] 이는 아주 멀리 떨어져 있는 초신성들에 대하여 현대판 허블 그래프를 그려 본 것에 해당합니다. 허블 그래프는 초신성의 속력과 거리의 관계를 나타낸 그림으로, 무엇인지 벌써 잊은 독자분들은 〈그림 1.7〉을 참고하기 바랍니다. 이 관측에 의하면 아주 멀리 떨어져 있는 초신성들은 예상보다 더 희미하게 관측되었는데, 이는 아주 멀리 있는 초신성들은 우리로부터 좀 더 빠르게 멀어져서 허블 그래프에서 초신성들의 경향이 직선이 아니라 〈그림 1.7〉의 형태인 위쪽으로 올라가는 곡선으로 나타나고, 이는 우주가 가속팽창을 한다는 뜻입니다. 이는 현대 물리학의 관점에서 매우 받아들이기 힘든 사실입니다. 왜 그럴까요? 지금부터 이것에 대하여 설명해 보겠습니다.

지금까지의 논의에 의하면 우주에는 적어도 세 가지의 다른 에너지 형태가 있음을 알 수 있습니다. 우선 우주배경복사와 같은 빛알갱이가 있고 지구나 태양과 같은 일반적인 물질이 있습니다. 그리고 중력의 효과로만 그 존재를 알 수 있는 암흑물질이 있다는 이야기도 했습니다. 그런데 우주의 팽창 입장에서는 이 세 가지의 다른 에너지 형태를 다시 두 가지로 압축할 수 있어서 하나는 우주배경복사와 같이 빠르게 움직이는 빛의 에너지 형태로, 다른 하나는 일반적인 물질과 암흑물질의 합으로 생각할 수 있습니다. 일반적인 물질과 암흑물질을 동일하게 생각할 수 있는 이유는, 그것들이 모두 천천히 움직이는 에너지 형태로서 중력과 관계된 우주의 팽창 입장에서 보면 그 행동양식이 같기 때문입니다. 우주가 팽창함에 따라 일반적인 물질과 암흑물질의 에너지 밀도는 점점 줄어들게 되고, 정량적으로는 부피에 반비례하게 될 것이라는 생각이 우리의 상식입니다. 이를 수식 (1.4)에 나타난 바와 같이 특정 시간에 우주의 크기를 나타내는 눈금계수 $a(t)$로 나타낸다면

$$\text{물질의 에너지 밀도}(t) \propto \frac{1}{\text{부피}} \propto \frac{1}{a(t)^3}$$

처럼 표현될 것입니다. 그렇다면 빛의 경우에는 어떠한 관계를 가지게 될까요? 빛의 경우에는 파동으로서 진폭의 크기가 반복되는 최소단위 길이인 파장이라는 개념이 있음을 〈그림 1.6〉에서 설명한 바 있습니다. 그런데 우주배경복사와 같은 빛은 우주가 팽창함에 따라 그 파장도 길어지는 효과가 더해지므로 보통물질 또는 암흑물질의 경우보다 그 에너지 밀도가 줄어드는 자유도가 하나 더 있는 셈이 되어

$$\text{복사의 에너지 밀도}(t) \propto \frac{1}{\text{부피+추가적인 자유도}} \propto \frac{1}{a(t)^4}$$

처럼 표현됩니다. 이러한 결과들을 바탕으로 시간을 거슬러 올라가면 보통물질은 에너지 밀도가 $a(t)^{-3}$에 따라 커지는 반면($a(t)$가 우주 초기로 갈수록 점점 작아짐), 복사에너지 밀도는 $a(t)^{-4}$에 비례하기 때문에 보통물질의 경우보다 더 빨리 커집니다. 이 때문에 우주 초기에는 복사에 의한 에너지 밀도가 가장 높았던 시기가 있었고, 우주가 팽창함에 따라 복사에 의한 에너지 밀도는 급격히 감소하

여 물질에 의한 에너지 밀도가 전체 에너지 밀도의 대부분을 차지하는 시기에 이릅니다.

문제는 복사와 보통물질 또는 암흑물질로만 이루어진 우주의 팽창 방식은 제1장의 〈그림 1.4〉에 나타난 바와 같이 예측되는데, 그 어느 방식도 가속팽창을 예측하지는 않는다는 점입니다. 이것이 바로 우주의 가속팽창을 일반 상대성이론으로도 이해하기 어려운 까닭이라고 할 수 있습니다.

우주가 가속팽창을 한다는 의미는 서로 끌어당기려는 중력의 힘을 이겨 내고 가속팽창을 하도록 밀쳐 내는 "힘"이 있어야 할 것이라는 의미입니다. 이러한 힘의 근원이 바로 암흑에너지의 기본 개념이기도 합니다. 이러한 암흑에너지에 대하여 본격적으로 논의하기 위하여 〈그림 7.6〉을 살펴보겠습니다. 왼쪽 그림에는 이차원 우주에 임의의 에너지 형태가 있는 상황을 설명하고 있습니다. 이러한 이차원 우주의 넓이가 두 배로 팽창하는 경우가 오른쪽에 나타나 있는데, 위쪽의 경우는 보통의 물질일 경우를 나타내고 있습니다. 면적이 두 배로 늘어나면서 밀도는 반으로 줄어들게 됩니다(왼쪽과 오른쪽 위의 우주에는 검은색 알갱이가 각각 10개씩 그려져 있습니다). 반면 오른쪽 밑의 경우에는 우주가 팽창함에 따라 어떠한 이유에서인지 암흑에너지가 만들어져서 팽창 후 암흑에너지의 밀도에는 변화가 없음을 나타내고 있습니다. 즉,

$$\text{암흑에너지 밀도}(t) \propto \text{상수}$$

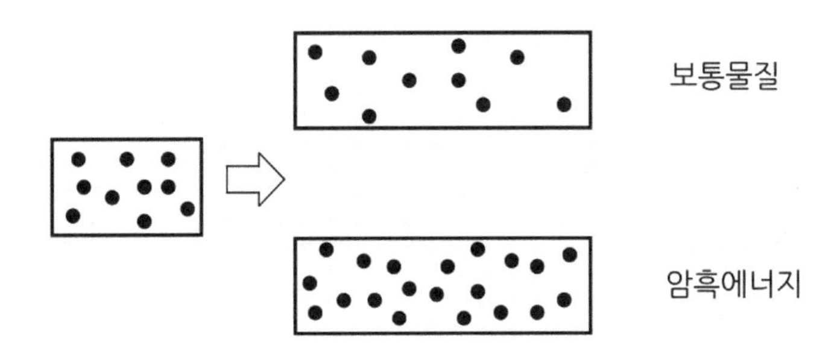

암흑에너지의 특성을 설명한 그림. 왼쪽 그림에는 이차원 우주에 임의의 에너지 형태가 있는 상황을 설명하고 있습니다. 이러한 이차원 우주의 넓이가 두 배로 팽창하는 경우가 오른쪽에 나타나 있는데, 위쪽의 경우는 보통의 물질일 경우를 나타내고 있습니다. 면적이 두 배로 늘어나면서 밀도는 반으로 줄어들게 됩니다(왼쪽과 오른쪽 위의 우주에는 검은색 알갱이가 각각 10개씩 그려져 있습니다). 반면 오른쪽 밑의 경우에는 우주가 팽창함에 따라 어떠한 이유에서인지 암흑에너지가 만들어져서 팽창 후 암흑에너지의 밀도에는 변화가 없음을 나타내고 있습니다.

같이 표현되어, 사실 받아들이기 무지 어려운 개념입니다. 우선 에너지 보존법칙 따위는 무시되고 공간이 팽창함에 따라 에너지가 스스로 만들어진다는 의미는 우리의 일상생활에서는 체험하기 불가능한 이야기가 되겠습니다. 독자분들뿐 아니라 저를 포함한 많은 물리학자들도 잘 이해하기 어려운 내용으로 받아들이고 있습니다.

지금까지의 논의를 바탕으로 우주가 팽창함에 따라 우주를 이루고 있는 서로 다른 에너지 성분의 밀도 변화를 〈그림 7.7〉에 나타내 보았습니다. 빛과 같은 복사에너지 형태의 밀도는 우주 초기에는 매우 높았으나 우주가 팽창함에 따라 그 밀도가 급속도로 감소하고 보통물질 및 암흑물질을 포함하는 "물질"은 복사에너지 밀도보다는 천천히 감소합니다. 반면 암흑에너지는 그 에너지 밀도가 우주 팽창과 관계없이 일정하여 오늘날에는 암흑에너지의 밀도가 가장 높게 됩니다.

현재 암흑에너지에 대해서는 우주의 팽창을 가속시킨다는 것 이외에는 그 어떤 내용도 알려져 있지 않기 때문에 우주론을 연구하는 모든 물리학자들에게 그것은 초미의 관심 대상입니다. 공간이 팽창함에 따라 그 내부에 있는 에너지의 밀도가 줄어들지 않고 상수로 남아 있다는 상황을 도대체 어떻게 이해해야 할까요? 현재 유일한 설명의 열쇠는 바로 "진공"에 있습니다. 지난 2장 끝자락에서 현대 양자장 이론에 대하여 잠깐 언급한 바 있습니다. 이 현대 양자장 이론에 의하면 전자와 같은 입자의 존재는 전자를 기술하

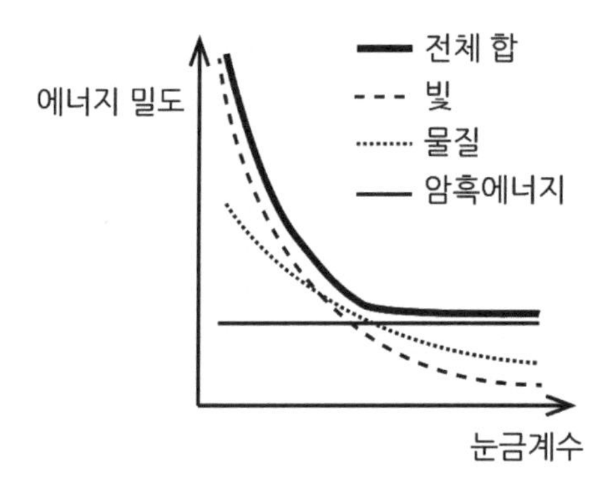

그림 7.7

우주를 구성하고 있는 모든 에너지 형태 밀도의 시간적 변화. 빛과 같은 복사에너지 형태의 밀도는 우주 초기에는 매우 높았으나 우주가 팽창함에 따라 그 밀도가 급속도로 감소하고, 보통물질 및 암흑물질을 포함하는 "물질"은 복사에너지 밀도보다는 천천히 감소합니다. 반면 암흑에너지는 그 에너지 밀도가 우주 팽창과 관계없이 일정하다는 내용을 나타내고 있습니다.

그림 7.8

진공을 통과하는 빛알갱이가 진공과 상호작용하는 모습에 대한 파인만 도식 표현. 진공을 통과하는 빛알갱이는 그냥 지나가거나 전자-양전자 쌍을 만들었다가 다시 소멸하게 하기도 하고 또는 전자-양전자 쌍 생성 후 빛알갱이 하나를 주고받기도 하는 확률 진폭이 있다는 사실을 설명하고 있습니다.

는 양자장의 들뜬 상태라고 이해됩니다. 그렇다면 과연 아무것도 없는 "진공"은 어떻게 양자장 이론으로 이해할 수 있을까요? 지금부터 그 이야기를 해 보고자 합니다.

양자장 혹은 조금 더 쉽게 양자역학에 의하면 모든 물리 현상은 확률로 기술됩니다. 따라서 어떠한 물리 현상이 일어날 확률이 아무리 작더라도 완전히 0이 아니면 언젠가는 결국 일어난다는 의미이고 실제로 방사성 동위원소의 붕괴는 이러한 효과로 이해되고 있습니다. 이러한 사실은 매우 중요하여 진공에 대한 개념을 새롭게 바꿀 수 있게 합니다. 지난 4장에서 설명하였던 파인만 도식을 이용하여 진공을 지나가는 빛알갱이 하나에 대한 상황을 그리면 1장의 〈그림 1.6〉과 같이 그냥 구불구불한 선 하나만 있는 것이 아니라 〈그림 7.8〉과 같이 이해되어야 할 것입니다. 〈그림 7.8〉은 진공을 통과하는 빛알갱이가 진공과 상호작용하는 모습에 대한 파인만 도식 표현으로, 진공을 통과하는 빛알갱이는 전자-양전자 쌍을 만들었다가 다시 소멸하게 하기도 하고 또는 전자-양전자 쌍 생성 후 빛알갱이 하나를 주고받기도 하는 확률 진폭이 있다는 사실을 설명하고 있습니다.*

양자역학과 관련지어 부연 설명을 하자면 여기서 이야기하는 확

* 여기서 전자-양전자 쌍이 만드는 고리와 〈그림 7.8〉의 오른쪽 그림에서 원 내부의 빛알갱이는 직접 관측되는 입자들이 아니기 때문에 4장의 〈그림 4.14〉를 설명할 때 언급된 가짜 입자들로 이해되어야 합니다.

률 진폭은 빛알갱이와 전자의 상호작용 이론에서 아무런 이론적 문제 없이 고려할 수 있는 반응이고, 따라서 확률이 완전히 0이 아닌 이상 반응이 일어난다는 의미가 내포되어 있습니다. 즉, 진공은 아무것도 없는 공간을 뜻하는 것이 아니라 전자와 양전자가 쌍 생성 및 쌍 소멸을 끊임없이 할 수 있는, 전자와 양전자가 요동치는 상태로 이해하는 것이 양자장 혹은 양자역학에서 이야기하는 바입니다. 이러한 방식으로 진공을 이해하는 것은 이미 많은 실험에 의하여 검증된 바 있습니다. 물론 원칙적으로 〈그림 7.8〉에 제시된 세 가지 경우보다 훨씬 더 복잡한 구조의 반응확률 진폭들이 무한 가지 존재하지만, 그 구조가 복잡해질수록 반응확률은 급격하게 감소합니다.

이러한 사실은 무엇을 의미하는 것일까요? 우리가 아무것도 없다고 생각했던 진공은 사실 전자-반전자 쌍 또는 빛알갱이를 교환할 수 있는 확률로 가득한 공간으로 인식되어야 한다는 의미입니다. 즉, 진공은 아무것도 없는 형태가 아니라 유한한 값의 에너지 밀도를 갖고 있는 공간으로 인식되어야 한다는 뜻이고 이는 앞에서 언급한 암흑에너지의 개념과 정확하게 일치합니다. 이로써 공간이 팽창하면 많은 가짜 입자들을 교환하거나 고리를 만들 수 있는 확률 또한 공간을 채우게 되어 공간의 에너지 밀도는 우주가 팽창을 해도 변하지 않는다는 해괴한 사실을 설명할 수가 있는 것입니다.

지금까지 설명하였듯이, 암흑에너지의 실체가 진공에서 벌어지는 가짜 입자들의 요동이라는 생각은 처음에는 그럴싸하게 여겨졌으나 매우 심각한 오류가 있음이 판명되었습니다. 이 오류는 진공에서 가짜 입자들의 요동에 대해 에너지 밀도를 이론적으로 계산한 값이 실제로 측정된 값에 비해서 마치 10^{120}배나 크다는 것입니다.[52] 여러분이 이론을 만든다면 실험 결과와 10^{120}배 차이가 나는 이론을 만들고 싶지는 않겠죠? 그런데 이 계산은 현재 입자물리학의 표준모형의 기반이 되는 양자장론에 근거한 것이라는 점이 현대 물리학자들을 매우 곤란한 지경으로 만들고 있습니다. 즉, 암흑에너지에 대하여 현재로서는 전혀 아는 것이 없다고 해도 과언이 아니겠습니다.

암흑에너지에 대하여 설명을 마치기 전에 한 가지만 독자 여러분들께 말씀드리겠습니다. 암흑물질의 경우와 달리 암흑에너지에 대해서는 아직도 많은 논란이 있습니다. 예를 들어 암흑에너지라는 믿기 어려운 형태의 에너지는 사실 존재하지 않는데 다만 아주 멀리 떨어져 있는 은하에 대한 측정에 문제가 있다는 주장이 대표적인 논란이 되고 있습니다.[53] 과학의 역사를 돌이켜 보았을 때 코페르니쿠스의 지동설과 같은 혁명적인 가설이 사실로 밝혀질 때도 있고 아인슈타인이 제안하였던 정적인 우주론이 오류로 밝혀질 때도 있습니다. 저는 암흑에너지에 관한 이야기도 이와 비슷할 것으로 생각합니다. 과학자들의 끊임없는 연구와 탐색만이 궁극적인 답을 제시할 것입니다.

3 우주 예산 부족?

이번 장의 제목은 "우주 예산 부족 문제"입니다. 지금부터 왜 제가 이러한 표현을 사용했는지 간략하게 설명하면서 이번 장을 마치도록 하겠습니다. 지금까지의 논의에 의하면 우리 우주를 이루는 에너지 성분으로는 빛알갱이, 보통물질, 암흑물질, 암흑에너지가 있습니다. 오늘날 이러한 성분들에 대한 다양한 측정을 통해 에너지 밀도의 상대적인 비율을 나타낼 수 있고, 그 결과를 보면 〈그림 7.9〉와 같이 나타낼 수 있습니다. 그림에서 알 수 있듯이 현재 그 존재 이외에는 아무것도 모르는 암흑에너지의 에너지 밀도가 제일 높아서 자그마치 우주 전체 에너지 밀도의 70%나 되고, 두 번째로 높은 에너지 밀도는 암흑물질로 25%가 됩니다. 우리의 몸, 지구, 태양과 같은 별들이 모여 있는 은하와 같은 보통물질은 겨우 (5-0.005)%이고 놀랍게도 우주 생성 초기 가장 높은 에너지 밀도를 가졌던 빛알갱이는 그 값이 아주 미미한 수준인 0.005% 정도입니다.

앞에서 언급한 바와 같이 암흑에너지는 관측을 통해 그 존재는 추측하고 있지만, 도대체 어떠한 성질을 갖고 있는지는 전혀 알고 있지 못합니다. 그리고 암흑물질의 경우에는 상황이 그보다는 좋아서 그 존재에 대한 증거가 매우 많아 존재의 유무는 더 이상 논쟁거리가 아닙니다. 그렇지만 어떠한 형태의 물질인지는 아직 이

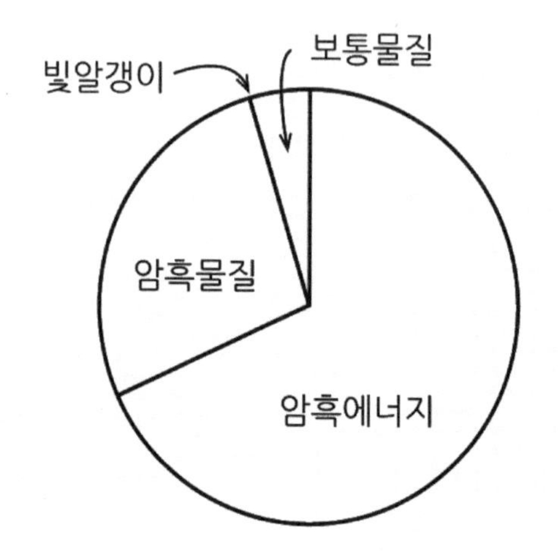

우주를 이루는 전체 에너지 밀도에 대한 상대적 크기 비교. 암흑에너지는 70%, 암흑물질은 25%, 보통물질은 (5-0.005)%, 빛알갱이는 0.005% 정도로 측정되고 있습니다.

론적으로나 실험적으로 밝혀지고 있지 않습니다. 우주 에너지 밀도의 95%를 이루는 에너지 형태에 대하여 잘 모르니 예산 부족 문제라고 할 수밖에 없지 않겠습니까?

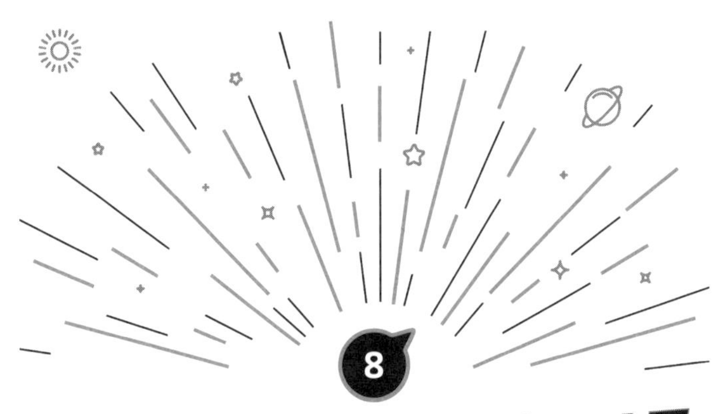

초기 우주 급속팽창 이론

이번 장에서는 암흑에너지, 암흑물질, 보통물질, 빛알갱이로 이루어진 우리 우주가 현재까지 어떻게 진화해 왔는지에 대해서 좀 더 알아보겠습니다. 이는 표준 우주론 모형으로 알려져 있는데, 이러한 표준 우주론 모형에는 몇 가지 설명하기 어려운 문제들이 있습니다. 이 문제들은 지평선 문제, 편평도 문제, 자기홀극 문제로 알려져 있는데 이것들은 무엇인지 그리고 이 문제들을 설명하기 위해서 1980년대에 제안된 초기 우주 급속팽창 이론은 어떤 것인지에 대하여 설명하겠습니다.

1 표준 우주론 모형과 문제점

우주론 연구의 일부는 현재까지 우리 우주가 어떻게 팽창하여 왔는가의 문제를 포함하고 있습니다. 즉, 눈금계수 $a(t)$의 함수 꼴이 어떻게 되는가를 연구하는 것이고 이는 이미 〈그림 6.5〉에서 소개한 바 있습니다. 즉 우주의 팽창 또는 눈금계수는 빛알갱이의 에너지 밀도가 가장 높았던 초기 우주로부터 시작하여 물질의 에너지 밀도가 가장 높았던 시기를 거친 후 현재는 암흑에너지 밀도가 가장 높은 시기에 있지만, 〈그림 6.5〉에서 나타내는 바와 같이 우주 팽창 양상은 특이한 점 없이 부드럽게 연속적으로 진행된 것으로 이해할 수 있습니다. 〈그림 6.5〉는 대폭발 1년 이후 눈금계수의 값부터 그렸는데 그렇다면 과연 이러한 연속적인 팽창이 대폭발 직후에도 일어났을까요? 지금부터 이 표준 우주론 모형의 문제점에 대하여 설명하고 대폭발 직후의 우주 팽창이 어떻게 전개되었을지에 대하여 이야기해 보겠습니다.

○● 지평선 문제

6장에서 언급했듯이 우주배경복사의 온도는 절대 온도가 0이 되는 온도인 섭씨 -273℃보다 약 3℃ 정도 높은 값으로 측정되고, 이 온도는 바라보는 방향에 관계없이 매우 균일하여 방향에 따른 온도의 차이는 10만 분의 1 수준이라고 이야기한 바 있습니다. 그리고 이 우주배경복사가 만들어진 시기는 대폭발 약 40만 년 후로 알려져 있습니다. 그런데 문제는 이 두 가지의 사실을 동시에 설명할 수가 없다는 것입니다. 왜냐하면 대폭발의 메아리로 여겨지는 우주배경복사가 만들어진 시기에 모든 빛알갱이들의 온도가 같으려면 모두 열적 평형 상태에 있어야 하는데, 빛의 속력이 유한하기 때문에 모든 빛알갱이들이 열적 평형 상태에 있기는 어렵기 때문입니다. 정량적인 계산에 따르면, 오늘날 관측되는 우주배경복사 빛알갱이들은 천구상에서 각도가 어느 정도 이상 떨어져 있으면 열적 평형이 가능한 거리를 벗어나게 됩니다. 즉, 우리가 알고 있는 현대 물리학으로 우주배경복사 온도의 균일한 분포를 설명할 수가 없다는 의미입니다. 이러한 상황이 〈그림 8.1〉에 설명되어 있습니다. 오늘날 우리가 관측하는 우주배경복사 빛알갱이가 서로 다른 각도에서 온다면 두 빛알갱이는 생성 당시 거리가 열적 평형을 이루기에는 너무 많이 떨어져 있어서 두 빛알갱이의 온도가 어느 정도 이상 달라야 한다는 것이 이론적 예측입니다. 이를 설명할 수 있는 유일한 사실은 대폭발이 일어나고 40만 년 후의 빛의 속력이 지금보다 100배가량 빨랐다는 것인데 이는 물리학 기반 전체를 흔드는, 말도 안 되는 가정이라고 많은 사람들이 생각하고 있습니다.

우주배경복사 온도의 공간적 분포가 10만 분의 1 수준으로 매우 균일하다는 사실이 지평선 문제의 출발점인 셈입니다. 물론 대폭발 후 40만 년이 지난 시점에서 우주배경복사 온도가 우연히 같았다고 가정을 해 버리면 사실 지평선 문제를 피할 수는 있습니

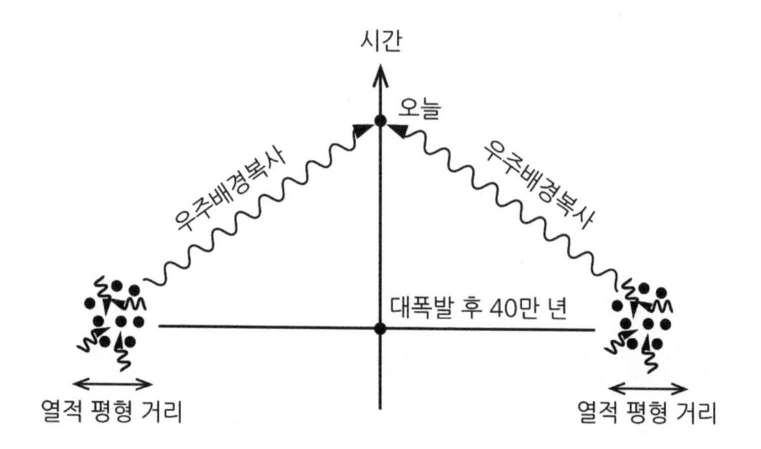

우주배경복사와 관련된 지평선 문제에 대한 그림. 오늘날 우리가 관측하는 우주배경복사 빛알갱이가 서로 다른 각도에서 온다면 두 빛알갱이는 생성 당시 빛의 속력이 유한하기 때문에 열적 평형을 이루지 못하는 것으로 계산되는 상황을 설명하고 있습니다.

다. 즉 1장에서 이야기한 초기조건에 해당되는 논의입니다. 〈그림 1.3〉에서 나타낸 바와 같이 무한하게 많은 직선 중 초기조건을 만족시키는 직선은 하나밖에 없습니다. 따라서 우주배경복사 온도가 당시에 우연히 같았다고 하면 지금 우리의 관측 결과를 설명할 수 있습니다. 그렇지만 그러한 가정을 해도 설명하지 못하는 것은 '왜 그 당시에 온도가 같았을까'라는 것입니다. 즉, **어떠한 물리학적 이유에 의해서 온도가 균일했는가에 대한 물리학적인 설명이 필요**한데, 그 설명을 할 수가 없다는 것입니다.*

○● 편평도 문제

이미 3장에서 아인슈타인의 일반 상대성이론에 대하여 간략하게 논의하였듯이 모든 에너지 형태는 공간을 휘게 하고, 이를 정량적으로 기술하는 수식이 〈그림 3.13〉에서 개념적으로 나타낸 아인슈타인의 장방정식이라고 설명하였습니다. 장방정식으로 기술하는 우리 우주도 당연히 휘어져 있다는 것이 일반적인 생각입니다. 그런데 우리 우주가 얼마나 휘어져 있는지를 관측해 보면 놀랍게도 매우 편평한 것으로 측정됩니다. 이 사실이 왜 놀라운 것이냐구요? 우리 우주 공간이 얼마나 휘어져 있는가를 나타내는 잣대로 우주 전체의 에너지 밀도를 들 수 있습니다. 그 이유는 우주 전

* 앞으로 논의할 초기 우주 급속팽창 이론이 바로 그 물리학적 이유를 제시할 것입니다.

체의 에너지 밀도와 우주 공간이 휘어진 정도가 아인슈타인의 장방정식에 의해 연결되어 있기 때문입니다. 즉, 우주 전체의 상대적 에너지 밀도를 $\Omega(t)$라고 한다면 이 값이 1보다 크면 닫힌 공간을 갖고, 작으면 열린 공간, 그리고 정확히 같다면 편평한 공간을 의미합니다. 닫힌 공간, 열린 공간, 편평한 공간이 무엇인지는 이미 1장에서 다룬 바 있지만 독자를 위하여 Ω_0의 부호와 함께(여기서 Ω_0는 현재의 $\Omega(t)$ 값) 〈그림 8.2〉에 다시 한번 나타내 보았습니다. 그림에 설명된 바와 같이 Ω_0의 값을 측정하면 현재 우리 우주가 얼마나, 그리고 어떻게 휘어 있는지를 알 수 있고, 이를 바탕으로 초기 우주의 휘어진 정도 또한 추측할 수 있습니다.

〈그림 8.2〉는 이차원 공간이 휘어져 있는 양상을 편평한 삼차원 공간에서 우리의 상상을 시각화하기 위하여 그려 본 것인데, 여기에 한 가지 정확하지 않은 점이 있습니다. 아시다시피 우리 우주는 현재 관측에 의하면 삼차원 공간으로 이루어져 있어서 사실은 삼차원 공간이 휘어져 있는 양상을 편평한 사차원 공간에서 보아야 하는데, 이는 삼차원 공간에 살고 있는 우리로서는 상상하기도 어렵고 그림으로 나타내기도 쉽지 않다는 점입니다(물론 수학적으로는 얼마든지 표현 가능). 이 점에 유의해야겠습니다. 예를 들어 축구공 위에 있는 이차원 생명체는 생명체가 살고 있는 공간이 이차원이기 때문에 편평한 삼차원에서 생명체가 살고 있는 공간의 구조를 볼 수 없습니다. 그렇다고 이차원 생명체 스스로 살고 있는 공간의 구조를 모르는 것은 아니고, 공간 내에서 삼각형을 그려 내부

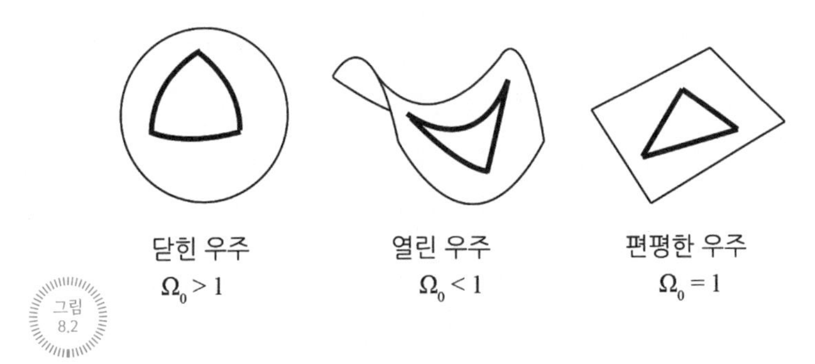

그림 8.2

본문에서 설명된 상대적 에너지 밀도 Ω_0의 값에 따른 우주의 휘어진 정도에 대한 설명. 그림에서 설명되고 있는 바와 같이 $\Omega_0 > 1$, $\Omega_0 < 1$, $\Omega_0 = 1$인 경우가 각각 닫힌 우주, 열린 우주, 편평한 우주를 나타내고 있습니다.

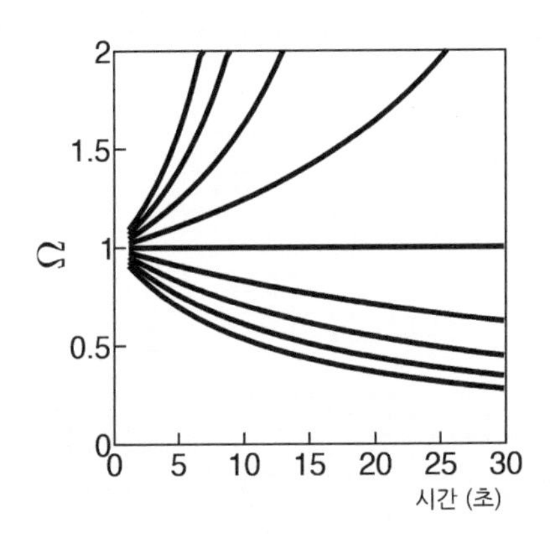

그림 8.3

우주의 상대적 밀도가 시간에 따라 어떻게 변하는지를 대폭발 이후 1초부터 30초까지 나타낸 그림. 가운데 수평선은 우주의 상대적 밀도가 대폭발 후 1초일 때, 정확하게 1.0일 때의 변화이고 위로부터 아래쪽으로의 곡선은 각각 1.08, 1.06, 1.04, 1.02, 0.98, 0.96, 0.94, 0.92일 경우의 곡선들에 해당합니다. 즉, 30초밖에 지나지 않는데도 이렇게 크게 상대밀도가 바뀌게 되어 현재의 상대적 밀도를 설명하기가 매우 어렵다는 의미로 해석됩니다. 이 그림은 사실 다른 책[10]에 등장하는 그림인데, 제가 상황을 잘 이해하고 있는지 수식을 통해서 다시 그려보았습니다.

각도의 합이 어떻게 되는가와 같은 측정을 통해서 이차원 공간이 휘어진 양상을 알 수 있습니다. 삼차원에 살고 있는 우리도 마찬가지로 편평한 사차원 공간에서 볼 수는 없지만 측정을 통해서 우리의 삼차원 우주 공간이 어떠한 방식으로 휘어져 있는지 알 수 있습니다.

그렇다면 과연 우리 우주의 편평도 문제는 무엇일까요? 인류는 우주를 꾸준히 관측해 왔고 20세기에는 허블이 우주는 팽창한다는 사실을 알아냈습니다. 그러나 지금까지의 그 어느 관측도 우리 우주 공간이 전체적으로 휘어져 있다고 이야기하고 있지 않습니다. 물론 지난 7장에서 중력렌즈 효과를 언급한 바 있습니다. 그렇지만 이는 중력효과에 의해 그 근처의 공간만 휘어지는 현상을 의미하고 〈그림 8.2〉와 같이 우주 전체의 기하학적 구조를 의미하지는 않습니다.

최근의 측정에 의한 Ω_0의 값은 소수점 아래 세 자리까지 1.000과 일치하여 현재 우리 우주는 편평한 것으로 알려져 있는데[7] 문제는 현재 우주가 이렇게 편평하려면 초기 우주의 편평도는 1과 소수점 아래 18자리 정도까지* 정확했어야 한다는 것입니다. 이를

* 이 계산은 대폭발 후 1초부터 현재까지의 기간 동안 계산한 값이고 만일 더 초기 우주 쪽으로 가서 계산하면 일치해야 하는 소수점 자리의 개수는 훨씬 더 많아집니다. 하필 1초를 선택한 이유는 그 당시의 물리학은 핵물리학이 지배했던 시기로 물리학자들이 아주 잘 이해하고 있는 시간이기 때문입니다.

좀 더 쉽게 설명하기 위하여 〈그림 8.3〉에 우주의 상대적 밀도가 시간에 따라 어떻게 변하는지를 대폭발 이후 1초부터 30초까지 나타내어 보았습니다. 가운데 수평선은 우주의 상대적 밀도가 대폭발 후 1초일 때, 정확하게 1.0일 경우 시간 변화를 나타내고, 위로부터 아래쪽으로의 곡선은 각각 1.08, 1.06, 1.04, 1.02, 0.98, 0.96, 0.94, 0.92일 경우의 곡선들에 해당합니다. 즉, 30초밖에 지나지 않는데도 이렇게 크게 상대밀도가 바뀌게 되어 현재의 상대적 밀도를 설명하기가 매우 어렵게 된다는 의미로 해석되고, 이를 편평도 문제로 이해할 수가 있겠습니다.

이를 표준 우주론의 편평도 문제라고 정의하고 이 문제를 1969년에 처음으로 제기한 물리학자는 흥미롭게도 지난 6장에서 우주배경복사를 논의할 때 등장한 프린스턴 대학교의 디케 교수입니다. 물론 초기 우주에 상대밀도의 크기가 0.0000000000000000001의 정확도로 오늘날의 값과 일치했다는 사실은 그냥 초기 우주의 조건이 그렇게 되었다고 해 버리면 된다고 일부 독자분들이 생각할 수 있을지도 모르겠습니다. 그렇지만 지평선 문제 논의 마지막 부분에서 이야기한 것처럼 이 역시 초기조건에 해당되는 문제입니다. 왜 그토록 이상한 초기조건이 어떠한 물리학적 이유에 의해서 만들어졌는지는 여전히 설명할 수가 없는 것입니다.

○● 자기홀극 문제

자기홀극 문제는 제가 이 책에 넣을까 말까 고민한 끝에 넣었습니다. 그 이유는 이 문제는 한 가지 가정이 필요한 문제로서 앞의 두 가지 문제보다는 그 심각도가 조금 떨어질 수도 있기 때문입니다. 이 한 가지 가정은 대통일장 이론이라고 부르는, 실험적으로 검증이 되지 않은 이론이 자연에 존재한다는 것입니다. 4장에서 언급한 바와 같이 자연에는 네 가지 힘이 있고 이를 하나의 이론으로 설명하기 위하여 지금도 많은 물리학자들이 노력을 기울이고 있습니다. 이 중 강력, 전자기력, 약력을 하나의 힘으로 통일하려는 노력이 대통일장 이론이라고 말씀드렸습니다. 이 대통일장 이론에서는 대통일이 일어나게 되는 에너지 영역, 즉 우주의 온도가 10^{31}℃인 시점에서 많은 양의 자기홀극 입자가 만들어졌어야 한다는 이론적 예측을 하고 있습니다. 자기홀극 문제는 바로 대통일장 이론이 예측하는 자기홀극 입자들이 오늘날 다 어디로 사라져 버렸냐는 것입니다. 왜냐하면 현재 실험적으로 자기홀극 입자는 발견되고 있지 않기 때문입니다.

2 초기 우주 급속팽창 이론

지금까지 말씀드린 지평선 문제, 편평도 문제, 자기홀극 문제는 20세기 중반을 지나면서 많은 천체물리학자 및 입자물리학자들에게 알려지기 시작했습니다. 이에 대한 해결책을 제시한 최초의 연구자 중 한 분은 현재 미국 MIT 대학교 물리학과 교수로 있는 앨런 구스(Alan Guth)입니다. 구스 교수는 초기에는 자기홀극 문제를 해결할 방안으로 초기 우주 급속팽창 이론을 생각했었습니다. 이후 이 이론은 다른 세 분의 물리학자들에 의해 좀 더 다듬어져 현재의 초기 우주 급속팽창 이론이 만들어지게 되었습니다.[54] 이 초기 우주 급속팽창 이론은 한편으로는 인플레이션 우주론이라고도 불리는데, 그 이름이 내포하는 바와 같이 초기 우주 진화 과정에서 우주의 급격한 팽창이 있었다는 이론입니다. 얼마나 급격한 팽창일까요? 대략적으로 이야기하면 우주의 크기가 10^{-35}초 동안 10^{30}배 정도 커졌다는 것입니다.* 수학을 좋아하는 독자 여러분들을 위해서 이를 눈금계수 $a(t)$, 초기 우주 급속팽창 시작 시간 t_i , 급속팽창 기간 $\Delta t = 10^{-35}$초를 이용하여 표시하면

$$\frac{a(t_i + \Delta t)}{a(t_i)} = 10^{30}, \qquad \Delta t = 10^{-35}\text{초}$$

로 표현할 수도 있습니다. 엄청난 급속팽창입니다. 제가 지난 30여 년 동안 물리학을 공부하면서 10^{-35}초라는 시간은 구경해 본 적이 없고 실험실에서도 만들어 내기 불가능한 (적어도 현재 기술력으로는) 아주 짧은 순간입니다. 또한 10^{30}이라는 숫자도 어마어마하게

* 10^{-35}초와 10^{30}배 팽창은 정확한 값들은 아닙니다. 초기 우주 급속팽창 이론에 따르면 급속팽창을 이끌게 되는 정도에 따라 예측되는 급속팽창 시간 및 팽창 정도는 다소 달라질 수 있고, 앞에서 언급한 값들은 하나의 예시로 이해하기 바랍니다.

큰 숫자입니다. 1장에서 이야기했듯이 현재 쿼크 크기의 상한값이 10^{-19}미터이므로 급속팽창의 정도는 쿼크가 지구 크기의 약 1만 배 가량 늘어나는 정도를 나타냅니다. 아마 대부분의 독자 여러분들은 상상을 하기가 어려울 것입니다. 사실 솔직히 말씀드리면 저도 쉽게 상상하기가 어려운 정도의 숫자들입니다. 그렇다면 이제 생각해야 할 질문은, 과연 이렇게 상상조차 하기 어려운 초기 우주 급속팽창 이론이 왜 필요한 것일까요? 이제부터 이에 대한 이야기 보따리를 풀어 보겠습니다.

○● 급속팽창 이론이 필요한 이유는?

급속팽창의 시기가 필요한 이유는 앞에서 언급한 세 가지 문제를 해결하기 위함입니다. 우선 지평선 문제입니다. 급속팽창 전의 초기 우주는 $1/10^{60}$만큼* 작은 상태였고, 이때 모든 우주배경복사 빛알갱이는 충분히 가깝게 모여 있어서 모든 빛알갱이들이 열적 평형을 이루었으므로 급속팽창 후 측정되는 우주배경복사의 온도가 매우 균일하게 되어 지평선 문제를 해결할 수 있습니다.

두 번째로는 편평도 문제입니다. 급속팽창 이론이 맞다면 팽창 전의 우주 공간이 아무리 많이 휘어 있더라도 급속팽창 기간을 지나게 되면 공간이 자연스럽게 편평해지게 됩니다. 이러한 상황은

---

* $1/10^{30}$이 아니라 $1/10^{60}$인 이유는 오타가 아니라, 수식적으로 우주의 휘어진 정도/$a(t)^2$ 항이 있어서 그렇습니다.

〈그림 8.4〉에 기술되어 있습니다. 그림에서 나타내고자 하는 점은 왼쪽에서 오른쪽으로 급속팽창이 진행됨에 따라 자연스럽게 우주 공간은 편평해질 수밖에 없다는 사실입니다. 이는 아인슈타인의 장방정식에 수학적으로 자연스럽게 내포되어 있는데 이를 수학이라는 도구를 써서 보여드리지 못함이 안타깝습니다.

마지막으로 자기홀극 문제에 대한 해결입니다. 대통일장 이론이 예측하는 많은 양의 자기홀극은 급속팽창에 따라 그 밀도가 급격하게 감소하여 오늘날 관찰되고 있지 않다는 것이 기본적인 설명입니다. 의외로 그 해결책이 간단하지요?

독자 여러분들은 어떻게 생각합니까? 인플레이션 우주론이라는 초기 우주의 급속팽창 이론이 쉽게 받아들여지는지요? 제가 아는 입자이론물리학자들의 대부분은 긍정적으로 받아들이고 있습니다. 예를 들어 저와 친한 연세대학교 물리학과의 박성찬 교수는 인플레이션 우주론 이외에는 현재 지평선, 편평도, 자기홀극 문제들을 설명할 수 있는 이론이 전혀 없기 때문에 그것이 가장 그럴싸한 이론이고 따라서 그 이론이 맞아야 한다고 저에게 사석에서 이야기를 해 주신 기억이 있습니다.

객관적인 사실을 이야기하기 위하여 제가 최근에 읽은 논문에 있는 내용을 발췌하였습니다.[55] 이 논문에서는 "현재로서는 기존의 관측들이 이미 초기 우주에 급속팽창이 어떤 식으로든 존재했을 것이라는 이야기를 해 주고 있다는 사실을 지지하는 물리학자

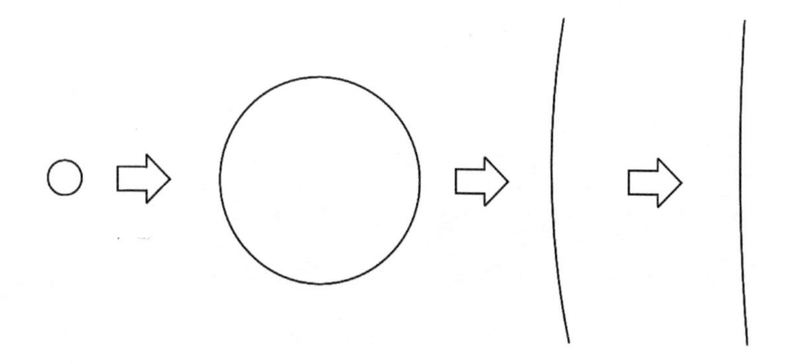

편평도 문제를 급속팽창 이론으로 설명하는 그림. 급속팽창 전의 우주는 많이 휘어 있을지라도(맨 왼쪽) 급속팽창이 일어난 후 우주는 자연스럽게 편평해지게 되는 것을(맨 오른쪽) 설명하고 있습니다.

들이 대부분이지만, 또한 의심의 눈초리를 갖고 있는 분들도 있다" 라는 문구가 있습니다.*

저는 실험물리학자로서 모든 물리학 이론은 실험으로 검증이 되어야 하고 그 전까지는 모두 가설에 불과할 뿐이라는 생각을 늘 해왔습니다. 따라서 초기 우주 급속팽창 이론은 저에게는 단지 가설일 뿐이고 중학교, 고등학교, 대학교 교재에 쓰기 전에 먼저 실험적인 규명이 필요한 것으로 생각합니다.

○● 피천득과 초기 우주 급속팽창 이론

우리나라의 가장 대표적 시인이자 수필가인 피천득과 초기 우주 급속팽창 이론이 무슨 관계가 있길래 갑자기 이런 이야기를 꺼내는지 궁금하시죠? 이해하기 어려운 초기 우주 급속팽창 이론의 실험적 규명 가능성을 논의하기 앞서서, 좀 쉬어 간다는 취지로 한 가지 일화를 소개해 드리겠습니다. 앞서 말씀드린 대로 초기 우주 급속팽창 이론은 구스 교수가 처음 생각해 냈습니다. 이 이론의 형

* 정확한 사실을 전달하기 위해서 (혹은 제 번역이 엉터리라) 여기에 관련 문구의 원본을 써 보았습니다. "There is widespread support for the claim that existing observations already indicate some version of inflation probably did occur, but there are also skeptics." 여기서 기존의 관측이 인플레이션 우주론이 맞을 것이라는 이야기를 하는데, 기존의 관측은 무엇을 뜻할까요? 우주배경복사 온도의 등방성, 현 우주가 아주 편평하다는 관측, 그리고 자기홀극 입자가 아직까지 발견되고 있지 않다는 것을 포함하고 있습니다.

성 과정에서 가장 중요했던 워크숍 중 하나는 1982년 6월 21일부터 3주 동안 영국에서 열렸습니다. 당시 워크숍은 대중적으로 잘 알려진 스티븐 호킹 교수와 게리 깁슨 교수가 주최하였고, 워크숍 직전까지 구스 교수는 급속팽창 이론과 관련하여 보스턴 대학교 물리학과의 피서영 교수와(당시에는 하버드 대학교 소속) 활발한 연구를 진행하고 있었습니다.[10] 그리고 이 워크숍의 결과로 구스 교수와 피서영 교수는 논문까지 발표하게 됩니다.[56] 여기서 재미있는 사실은 피서영 교수의 아버지가 바로 수필가 피천득이라는 점입니다. 독자 여러분들은 어떨지 모르지만 제가 청소년기에 읽은 피천득의 수필은 특별하게 다가왔습니다. 당시 국어 교과서에 실릴 정도로 유명했던 수필 「아사코」의 문장 중 "그리워하는데도 한 번 만나고는 못 만나게 되기도 하고, 일생을 못 잊으면서도 아니 만나고 살기도 한다. 아사코와 나는 세 번 만났다. 세 번째는 아니 만났어야 좋았을 것이다"라는 문구에 잊을 수 없을 정도로 감동을 받았습니다. 피서영 교수가 급속팽창 이론 초기에 활발한 연구를 한 한국 출신 과학자라는 점도 놀랍지만, 그분의 아버지는 훨씬 더 유명한 분이라는 점에 더욱더 놀랐습니다.

그런데 최근 새로운(?) 소식을 우연히 접하게 되었습니다. 2017년 12월 11일부터 후쿠오카 규슈 대학교에서 열리는 뮤온 물리학 국제회의에 제가 참석하였고, 14일 모든 일정을 마치고 일본 국립가속기연구소 소속 츠토무 미베(Tsutomu Mibe), 보스톤 대학교 물리학과 소속의 리 로버트(Lee Robert)와 저녁 식사를 했습니다. 이런

그림 8.5

2017년 12월 14일 규슈 대학교 회의를 마치고 저녁 식사를 하면서 찍은 사진. 왼쪽부터 보스톤 대학교의 리 로버트, 필자, 일본 국립가속기연구소의 츠토무 미베가 보입니다. 이날 피서영 교수에 대한 이야기를 듣게 되었습니다.

저런 이야기를 하다가 저는 문득 피서영 교수가 생각이 나서 리 로버트에게 혹시 피서영 교수가 아직도 학교에 나오는지, 요새 근황은 어떤지 물었습니다. 그런데 리 로버트는 요새는 활동이 많이 줄었지만 학교에서 볼 수 있다고 하면서 급속팽창 이론 연구 당시 임신을 하지 않았다면 훨씬 더 큰 공헌을 하고 구스 교수보다 더 유명해졌을지도 모른다고 말을 흐렸습니다. 저는 깜짝 놀라며 그것이 사실이냐고 되물었고 리 로버트는 그렇게 알고 있다고 답했습니다. 물론 객관적인 사실인지는 알 수 없으나 이러한 새로운 이야기를 듣게 되어서 흥미로웠던 기억이 있습니다. 그날 저녁 식사 도중 찍은 사진이 〈그림 8.5〉에 나타나 있습니다.

이제 그러면 초기 우주 급속팽창 이론의 실험적 검증 가능성 이야기로 다시 돌아오겠습니다.

○● 초기 우주 급속팽창 이론은 실험적 검증 가능?

그렇다면 이제 중요한 질문은 '과연 인플레이션 우주론은 실험 또는 관측으로 검증이 가능할 것인가'입니다. 만일 그렇지 않다면 저와 같은 실험물리학자에게는 이 모든 논의가 어쩌면 의미 없는 논쟁이 될 수도 있는 것입니다. 참으로 다행스럽게도 급속팽창 이론은 한 가지 특이한 흔적을 우주배경복사에 남기는 역할을 합니다. 앞으로 이것에 대하여 설명해 보겠습니다.

3장에서 뉴턴이 생각했던 시공간을 설명하면서 피타고라스 정리를 이야기했었습니다. 이를 삼차원에서 생각하면 $x^2 + y^2 + z^2 =$ (길이)^{2}으로 생각할 수 있고 이를 행렬로 표시하면

$$\begin{aligned}(\text{길이})^2 &= x^2+y^2+z^2 \\ &= \begin{pmatrix} x & y & z \end{pmatrix} \begin{pmatrix} 1 & 0 & 0 \\ 0 & 1 & 0 \\ 0 & 0 & 1 \end{pmatrix} \begin{pmatrix} x \\ y \\ z \end{pmatrix}\end{aligned}$$

으로 나타납니다. 수식을 써서 미안하지만 이 정도의 산수는 모든 독자들이 할 수 있으리라고 생각되어 나타냅니다. 이제 다시 초기 우주 급속팽창 이론으로 돌아오겠습니다. 이 이론에 따르면 초기 우주의 공간은 당시의 원시 중력파에 의해 휘어지게 되어 피타고라스의 정리가 성립되지 않게 됩니다. 이를 위의 수식과 비교하여 적어 보면(만일 x-y 축 방향으로 $h_\times$ 만큼 공간이 휜다면)

$$(\text{길이})^2 = \begin{pmatrix} x & y & z \end{pmatrix} \begin{pmatrix} 1 & h_\times & 0 \\ h_\times & 1 & 0 \\ 0 & 0 & 1 \end{pmatrix} \begin{pmatrix} x \\ y \\ z \end{pmatrix}$$

와 같이 바뀌게 됩니다. 즉 중간에 들어가는 샌드위치 행렬이 더 이상 간단한 구조가 아니라, 대각선이 아닌 곳에 $h_\times$가 나타나게 됩니다. 여기서 $h_\times$는 아주 적은 양으로 생각하면 되고 공간이 휘어지는 정도를 의미합니다. 이 $h_\times$는 적은 양이기는 하지만 결정적

인 역할을 하게 됩니다.

그 결정적인 역할이 무엇일까요? 바로 $h_\times$가 우주배경복사 빛알갱이에 아주 특별한 무늬를 남기게 된다는 것입니다. 그 특별한 무늬는 〈그림 8.6〉에 나타나 있습니다. 즉, 대각선이 아닌 부분에서 $h_\times$와 같은 적은 양이 0이 아닐 경우 우주배경복사에는 두 가지의 회전무늬가 나타납니다. 두 무늬는 각각 거울에 비친 모습입니다. 이 회전무늬는 도선에 전류가 흐를 때 만들어지는 자기장의 모양과 유사해서 유형-*B* 무늬라고도 부릅니다.* 따라서 실험적으로 우주배경복사에서 회전무늬를 관측한다면 이는 초기 우주 급속팽창 이론의 실험적 검증이라는 어마어마한 업적이 되는 셈입니다. 요샛말로 초대박이라고 할 수 있겠습니다.

그런데 한 가지 문제는 $h_\times$의 크기를 이론적으로는 알 수 없다는 것입니다. 따라서 $h_\times$의 크기는 실험적으로만 알 수 있고, 회전무늬가 아직 발견이 되지 않았기 때문에 오직 실험에 의한 상한선만 있습니다. 그 상한값은 현재 0.07로서** [55] 그 의미는 만일 초기 우주 급속팽창에 의한 중력파가 공간을 휘게 한다면 그 크기는 0.07보다는 반드시 작아야 한다는 것입니다. 따라서 현재 전 세계에서

* 기억하실는지 모르겠지만 알파벳 *B*는 자기장을 나타내는 기호로 고등학교 물리 교과서에 나와 있습니다.

** 이 크기는 엄밀하게 말하면 $h_\times$은 아니고 다른 숫자로 나누어 준 값입니다만, 본문에서의 논의의 핵심에 포함되지 않기 때문에 슬쩍 넘어갔습니다.

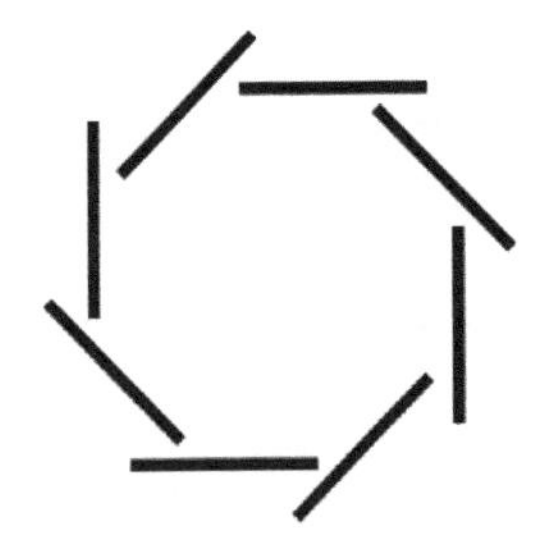
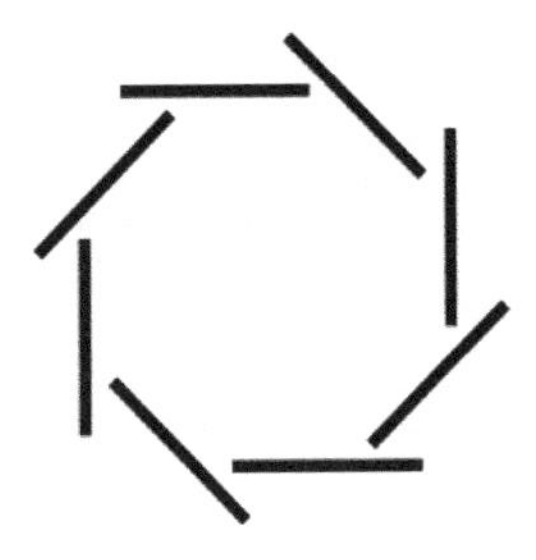

초기 우주 급속팽창에서 예측하는 우주배경복사 회전무늬. 대각선이 아닌 부분에서 $h_{\times}$와 같은 적은 양이 0이 아닐 경우 우주배경복사에는 두 가지의 회전무늬가 나타납니다. 두 무늬는 각각 거울에 비친 모습입니다.

많은 실험 그룹이 경쟁적으로 회전무늬 측정을 0.07 이하로 할 수 있는 망원경을 건설하여 측정 중이거나 망원경을 건설 중에 있습니다. 필자도 현재 일본, 스페인, 네덜란드 연구진과 협력하에 망원경을 설치하여 2019년부터 스페인 현지에서 망원경을 설치 및 운용을 시작할 계획에 있습니다.* 이번 절의 제목이 "초기 우주 급속팽창은 실험적 검증 가능?"이었습니다. 이에 대한 답은 '**회전무늬의 측정으로 검증 가능**하다'입니다. 다음 장에서는 이에 대한 실제 실험 측정 이야기를 하겠습니다.

* 아마 이 책이 발간되는 시점은 불행히도 그보다 약간 앞선 2018년 가을 무렵입니다.

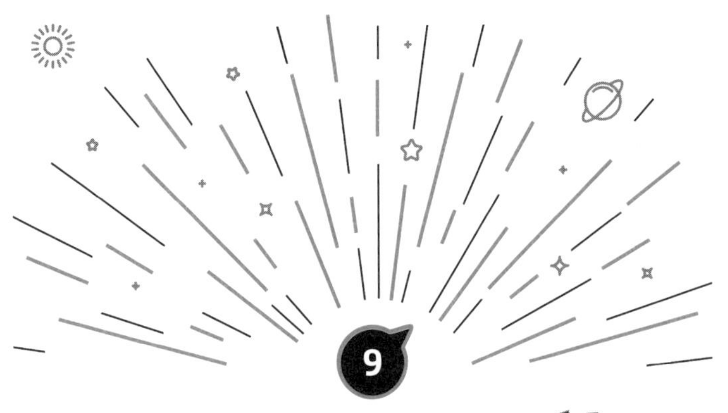

지상 망원경 실험

지금까지 먼 여정을 지나왔습니다. 마지막 장에서는 제가 현재 참여하고 있는 지상 망원경 실험을 소개하겠습니다. 물론 실험의 가장 중요한 목적은 우주배경복사 빛알갱이 분포에서 회전무늬를 찾아내어 초기 우주 급속팽창 이론의 실험적 검증을 하는 것이 되겠습니다. 입자물리 실험이 주 연구 분야였던 제가 어떻게 초기 우주 급속팽창 이론과 인연을 맺게 되었는지, 망원경 실험은 어떻게 진행되고 있는지 차근차근 설명드리겠습니다.

1 지상 망원경 실험: GB

저희 실험실 연구진이 일본 연구진과 2018년 현재 건설하고 있는 망원경의 이름은 그라운드버드(GroundBIRD)입니다. 이름에서 그라운드는 지상 망원경이라는 의미이고 버드는 새가 아니라 유형-*B* 영상 방사능 검출기(*B*-mode Imaging Radiation Detector)의 영문 약자가 되는데, 지금부터는 짧게 GB 망원경이라고 부르겠습니다. 이 망원경은 우연인지 필연인지 5장에서 소개해 드린 벨 검출 장치가 위치한 일본 국립가속기연구소에서 건설 중에 있습니다. 제가 이 지상 망원경 실험에 어떻게 참여하게 되었는지 잠깐 소개해 드리겠습니다.

○● 벨 실험 전체 회의와 가타야마 박사

지난 5장에서 일본 국립가속기연구소에 위치한 벨 실험 장치를 소개한 바 있습니다. 이미 5장에서 말씀드린 바와 같이 벨 실험은 약 350여 명의 물리학자들로 구성된 국제 공동 실험입니다. 2010년으로 기억하는데, 저는 일본 연구소 현지에서 열리는 벨 실험 전체 회의에 참석 중이었습니다. 당시 저의 연구실 소속 고병록 박사(고병록 박사는 3장에서 고 강주상 고려대 명예교수 댁을 찾아갔을 때 동행하였음)와 저는 중성 K^0 입자와 반입자인 $\overline{K}^0$ 입자가 물질과 상호 반응하는 양식의 미묘한 차이에 대하여 연구 중이었습니다. 당시의 계산은 입자들이 여러 겹의 실리콘 검출기를 지나면서 그 양자 상태가 어떻게 바뀌는지에 대한 것으로, 계산 자체가 조금 복잡하였습니다.[57] 저는 벨 실험 회의에 참석하고 있었지만 계산에 집중하고 있어서 주위에 누가 있는지도 잘 인지하지 못한 채 연필을 끄적이며 산수를 하고 있었습니다. 그때 누가 저에게 말을 걸어왔는데, 그는 〈그림 5.3〉에 등장했던 가타야마 박사입니다. 가타야마 박사는 벨 실험 전산 시스템 총책임자로 있으며, 제가 5장에서 말씀드린 것처럼 데이터 재구성 프로그램 운영을 책임지는 임무를 맡은 인연으로 제가 잘 알고 있는 일본 연구자였습니다. 가타야마 박사는 뜬금없이 저에게 "원 상,* 혹시 우주배경복사 실험에 관심이 있지 않나요?"라는 질문을 했습니다. 저는 우주배경복사, 특히 회전무늬의 측정은 초기 우주 급속팽창 이론의 실험적 규명 연구라는 측면에서 매우 중요한 실험이라는 정도만 어렴풋이 알고 있었습니다. 그렇지만 가타야마 박사 또한 벨 실험을 하는지라 저는 왜 그가 갑자기 우주배경복사 실험 이야기를 꺼냈는지 그때는 알지 못했습니다.

벨 실험이 있던 일본 국립가속기연구소 내부에서는, 저는 몰랐었지만, 몇 년 전부터 일부 연구소 소속 연구자들이 삼삼오오 모여 우주배경복사 측정 연구를 준비하고 있었습니다. 이 연구자들에는 제가 벨 실험으로 잘 알고 있는 마사시 하즈미 박사, 그리고

* 일본 사람들은 상대방을 높일 때 성에다가 "상"이라는 단어를 붙여 부르곤 합니다.

1997년 제가 연구원으로 근무했던 당시 학생이었던 오사무 타지마 박사도 포함되어 있었습니다. 저는 가타야마 박사로부터 자초지종을 듣고 벨 실험에서 가장 뛰어난 물리학자들이 이러한 노력을 이끌고 있다는 사실을 알게 되었고, 일단 긍정적으로 생각해 보겠다고 말하고 귀국했습니다. 귀국편 비행기에서 저는 고민하기 시작했습니다. 과연 내가 40대 중반인 나이에 새로운 연구를 시작하는 것이 옳은 일인가? 우리 실험실에서 망원경 건설에 커다란 공헌을 할 수는 있을까? 우주배경복사 측정 관련 물리학은 아인슈타인의 일반 상대성이론을 이해하고 있어야 하는데, 내가 그런 능력을 갖고 있기는 하나? 여러 가지 두려움 때문에 망설이게 되었습니다. 그런데 묘하게도 지금부터 말씀드릴 두 가지 사건(?)을 계기로 제가 이 실험에 뛰어들게 되었습니다.

이 책의 3장과 〈그림 6.3〉에 등장했던 최지훈 박사는 2006년 당시에는 고 강주상 고려대학교 명예교수의 박사 과정 학생이었습니다. 2006년 8월 31일 강주상 교수는 정년 퇴임을 하시게 되었고, 따라서 당시 최지훈 학생은 저의 연구실에 오게 되었습니다. 최지훈 군은 특별하게 하늘과 천체물리 분야에 지대한 관심을 갖고 있었습니다. 2011년 병역 의무를 마치고 저의 실험실에 돌아온 최지훈 군은 천체물리 및 우주론 연구를 하고 싶다고 저에게 이야기를 했는데, 마침 2012년 12월에 첫 번째 초전도체 센서 및 검출기 국제 워크숍이 대전에서 열리고 있었습니다. 제가 벨 실험으로 잘 알고 있던 일본의 고에너지물리연구소 소속 하즈미 교수와 그 학회에서 만나게 되었고, 전에 가타야마 박사와 이야기했던 내용을 논의하면서 우주배경복사 실험 논의를 지속하였습니다. 당시 최지훈 군의 천체물리학 연구에 대한 의지와 가타야마 박사, 하즈미 교수와의 만남이 제가 우주배경복사 회전무늬 측정 연구에 뛰어들게 된 계기가 되었다고 생각됩니다. 그 이후 저는 제가 잘 몰랐던 라디오파 천체 물리학에 필요한 여러 가지 검출 기술을 공부하고 틈틈이 일반 상대성이론을 공부하기 시작했습니다.

○ ● GB 망원경 구조

이제부터 GB 망원경에 대해서 살펴보겠습니다. 〈그림 9.1〉에 2018년 현재 건설 중에 있는 GB 망원경의 사진이 있습니다. 그림에서 보이는 망원경은 독자분들이 잘 알고 있는 일반 망원경의 구조는 아닙니다. 그 이유는, 측정하려고 하는 우주배경복사 빛의 파장이 밀리미터 정도로 가시광선의 파장보다 매우 길고 우주배경복사의 세기 또한 매우 작기 때문에 민감도가 매우 좋은 초전도체 기반 검출기를 사용해야 하고, 따라서 초전도 현상이 나타나는 온도까지 검출기를 냉각시켜야 하는 장치 또한 포함되어야 하기 때문입니다.

〈그림 9.1〉 맨 위쪽에 위치한 구조는 하늘의 특정 방향에서 방출되는 우주배경복사 빛을 받는 구조물입니다. 이 구조물을 통과한 우주배경복사 빛은 이후 두 단계의 거울을 지나서 초점판에 집속되게 됩니다(기울어진 원통형 구조 내부에서 벌어지는 일로, 사진에서

보이지 않음). 이 구조는 원형의 판 위에 놓이게 되고 이 원형판은 분당 20번 회전을 하게 되어 망원경 구조 전체를 회전시키고 이를 돌리는 모터는 원형판 아래에 위치하고 있습니다.

왜 망원경을 고속으로 회전시키는지 궁금하시죠? 그 이유는 조금 후에 설명하고, 그 전에 일단 망원경 내부를 〈그림 9.2〉를 통하여 좀 들여다보겠습니다. 그림에서 나타나듯이 위쪽으로부터 입사되는 우주배경복사는 아래쪽에 있는 1차 거울, 오른쪽에 있는 2차 거울을 거쳐 최종적으로 검출기가 있는 초점판에 도달하게 됩니다. 이 초점판에는 초전도체 검출기가 설치되고, 따라서 초점판은 거의 절대 0℃도에 가까운 온도로 냉각시켜야 합니다. 조금만 생각해 보면 이는 기술적으로 매우 어려운 일입니다. 왜냐하면 절대 0℃에 가깝게 냉각시키기 위해서는 6장에서 잠깐 언급한 바와 같이 헬륨이 기본적으로 필요하고, 또한 검출기에서 나오는 신호를 읽어 내는 전선이 반드시 필요하기 때문입니다. 그런데 헬륨과 전선을 분당 20회 회전하고 있는 망원경에 공급해 주어야 한다고 상상을 해 보기 바랍니다. 전선은 꼬일 것이고 헬륨을 어떻게 공급해 주어야 할지 감이 잘 안 올 것입니다. 또한 말할 것도 없이 초점판의 극저온은 일정하게 안정적으로 유지되어야 할 것입니다. 이 기술력은 특허가 걸려 있어서(제 특허는 아닙니다) 구체적인 구현 방법은 여러분들 상상에 맡기고 이제 초점판에 올라가는 검출기에 대하여 이야기해 보려고 합니다.

그림 9.1

GB 망원경 사진. 맨 위쪽에 위치한 구조는 하늘의 특정 방향에서 방출되는 우주배경복사 빛을 받는 구조물입니다. 이후 두 단계의 거울을 지나서 초점판에 집속되게 됩니다(기울어진 원통형 구조 내부에서 벌어지는 일로, 사진에서 보이지 않음). 이 구조는 원형의 판 위에 놓이게 되고 이 원형판은 분당 20번 회전을 하게 되어 망원경 구조 전체를 회전시키고 이를 돌리는 모터는 원형판 아래에 위치하고 있습니다.

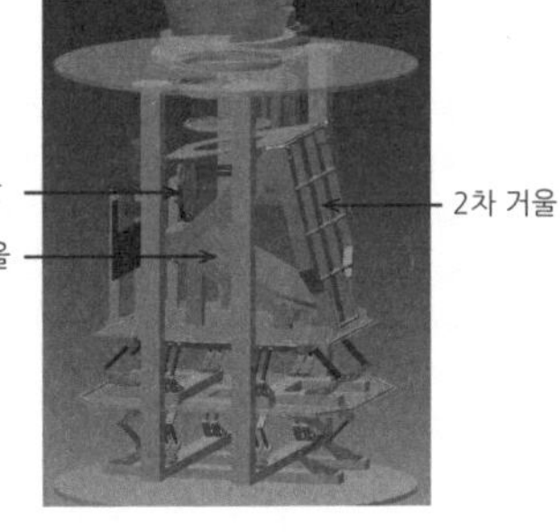

그림 9.2

GB 망원경 내부 도면. 위쪽으로부터 입사되는 우주배경복사는 아래쪽에 있는 1차 거울, 오른쪽에 있는 2차 거울을 거쳐 최종적으로 검출기가 있는 초점판에 도달하게 됩니다.

○● GB 초점판과 검출기

GB 망원경의 초점판은 〈그림 9.2〉에 표시된 것처럼 원형의 판이라고 생각하면 되겠습니다. 지름이 대략 20센티미터인 이 원형판 내부에는 정육각형의 구조 7개가 마치 벌집과 같은 모양을 하고 있고, 이는 〈그림 9.3〉에 나타나 있습니다. 가운데 정육각형 내부에는 파장이 1.4밀리미터인 전자기파를 받는 안테나가 109개 있고, 그 주위를 둘러싸는 6개의 정육각형 내부에는 각각 파장이 2.1밀리미터인 전자기파를 받는 안테나가 55개 있습니다.

왜 이 파장대의 전자기파를 사용하는지는 지난 6장에 있는 〈그림 6.1〉에서 알 수 있습니다. 우주배경복사의 온도는 절대 0℃에서 약 3℃ 정도 높고, 흑체복사 이론에 따라 파장이 밀리미터인 영역에서 그 세기가 가장 크게 됩니다.* 안테나는 실제로는 원뿔 모양으로, 전자기파를 집속하여 우주배경복사의 회전무늬를 측정하게 되는 망원경의 핵심 부분인 검출기 단계로 이동시키게 됩니다.

그 핵심 단계의 구조는 〈그림 9.4〉에 나타나 있는데, 상단 원형 구조에서는 흰색 화살표 방향으로 진동하는 전자기파가 서로 마주 보는 삼각형 구조의 안테나 쌍에 의해 이동하여 합쳐집니다. 그

* 좀 더 정확하게 말하자면 우주배경복사는 2.1밀리미터에서 세기가 가장 강하고, 1.4밀리미터 영역을 택한 이유는 우주배경복사가 아닌 다른 전자기파, 특히 성간물질에 의한 전자기파 복사를 측정하기 위해서입니다. 〈그림 6.1〉에서의 우주배경복사에 해당되는 곡선은 절대 0℃에서 10℃ 높은 경우를 그렸던 것으로, 실제 우주배경복사 온도보다 다소 높을 경우입니다.

그림 9.3

GB 망원경 초점판 구조. 가운데 정육각형 내부에는 파장이 1.4밀리미터인 전자기파를 받는 안테나가 109개 있고, 그 주위를 둘러싸는 6개의 정육각형 내부에는 각각 파장이 2.1밀리미터인 전자기파를 받는 안테나가 55개 있습니다. 이 원형 초점판의 지름은 184밀리미터입니다.

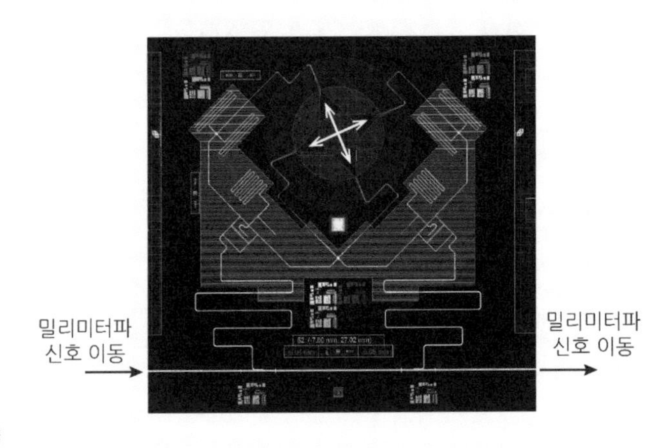

그림 9.4

GB 망원경의 핵심 부분인 검출기 부분의 구조. 상단 원형 구조에서는 흰색 화살표 방향으로 진동하는 전자기파가 서로 마주 보는 삼각형 구조의 안테나 쌍에 의해 이동하여 합쳐집니다. 그다음 아래쪽에 있는 지렁이 모양의 초전도체 검출기에서 전기 신호로 변환된 다음 맨 아래의 신호선을 따라 오른쪽으로 이동하게 됩니다. 위 그림은 일본 측 연구자인 슈고 오구리 박사의 작품이고, 위 설계에 대한 성능 평가 컴퓨터 계산은 앞서 등장했던 최지훈 박사가 많은 시간을 할애하여 수행했습니다.

다음 아래쪽에 있는 지렁이 모양의 초전도체 검출기에서 전기 신호로 변환된 다음 맨 아래의 신호선을 따라 오른쪽으로 이동하게 됩니다. 그림에서 알 수 있듯이 서로 직각의 전자기파가 독립적으로 이동하여 왼쪽, 오른쪽 지렁이 모양의 초전도체 검출기에 의해 독립적으로 전기 신호로 바뀐 다음 그 전기 신호가 외부로 나가게 됩니다. 좀 복잡한가요? 예, 사실은 매우 복잡합니다. 여러 기술적인 이유로 인해서 〈그림 9.4〉의 구조는 이차원-삼차원-이차원 구조로 연결되어 있고, 서로 다른 구조 연결 부분에서 전기 신호가 무리 없이 잘 통과하도록 설계하기 위하여 많은 노력이 고려되었습니다. 특히 앞서 등장했던 최지훈 박사는 이를 위하여 1년 이상의 시간 동안 컴퓨터 계산을 반복 수행하여 최적의 설계를 이끌어 내었습니다.

검출기에서 측정된 전기 신호는 컴퓨터에 저장된 후 나중에 데이터 분석을 통하여 우주배경복사 내부 회전무늬 여부를 알아내는 데 쓰이게 될 것입니다.

2 스페인 카나리아 제도

지금까지 설명한 GB 망원경은 스페인 카나리아 제도에 위치한 테이데관측소에 설치하도록 계획되어 있습니다. 세상의 많은 관측소 중에 왜 하필이면 스페인 관측소에 설치하도록 계획되어 있는지 처음에는 저도 의아했었으니 독자분들도 그러리라 생각합니다. 사실 우주배경복사 전자기파는 공기 중에 있는 수분에 의해 많은 양이 흡수될 수 있습니다. 그렇기 때문에 우주배경복사 측정은 우주에서 진행하는 것이 가장 좋고, 특히 망원경 조작을 위하여 중력이 0이 되는 지점에* 인공위성 망원경을 띄우고 있습니다. 물론 인공위성을 우주에 띄우는 실험은 막대한 예산이 소요되기 때문에 그다음으로 선호되는 관측지는 지구의 남극이 되겠습니다. 추운 날씨로 인하여 남극 하늘의 공기는 매우 건조하고 따라서 우주배경복사 전자기파가 흡수되지 않고 지상의 망원경에 도달하는 장점이 있습니다. 그런 이유로 여러 망원경 실험이 이미 남극에서 진행되고 있습니다만, 물론 남극에 망원경을 설치하는 비용도 사실 만만치 않습니다. 따라서 현실적으로 과학자들이 많이 찾고 있는 장소는 칠레의 아타카마 사막으로, 이미 많은 지상 망원경들이 운용 중에 있고 따라서 서로 좋은 위치를 선점하려는 경쟁도 치열합니다. 저희 연구진은 망원경 운용 예산 및 관측의 용이함 등을 고려하여 카나리아 제도 내에 있는 테네리페섬으로 실험지를 결정하였습니다.

저도 사실 이 GB 망원경 실험이 아니었다면 테네리페섬이 어디에 있는지 아마 평생 모르고 살았을 것입니다. 카나리아 제도는 아

---

* 태양과 지구 사이 중력이 0이 되는 지점은 총 다섯 곳이 있고 이 중 지구로부터 태양 반대쪽으로 약 150킬로미터 되는 지점에 두 번째 지점이 있습니다.

그림 9.5

테이데관측소로 이동 중에 잠시 멈추어서 찍은 사진. 본문에서 설명드린 바와 같이 해발 1,000미터 가량에서 구름의 판이 형성되어 있습니다.

그림 9.6

테이데관측소 전경. 2018년 현재 이미 많은 망원경들이 관측을 하고 있음을 알 수 있고, GB 망원경이 위치할 곳은 사진 중심부의 구조물의 뒤편입니다.

프리카 모로코에서 대서양 쪽으로 약 100킬로미터 떨어져 있는 여러 섬들을 지칭하는데, 이 중 가운데에 위치한 섬이 테네리페섬입니다. 이 테네리페섬은 하와이와 같은 화산섬으로, 카나리아 천체물리연구소가 있는 곳이면서 동시에 섬 가운데 위치한 테이데산 정상 부분에 테이데관측소가 있습니다. 이 관측소는 해발 약 2,400미터에 위치하고 있는데, 제가 2017년 5월에 한 번 방문하였습니다. 당시 동행한 카나리아 천체물리연구소 소속 연구자 리카르도 박사는 저에게 한 가지 재미있는 사실을 말해 주었습니다. 테네리페섬으로는 위쪽에서 수증기를 품은 바람이 내려오는데, 이 바람이 섬 위쪽으로 올라가면서 수증기가 응결되어 해발 1,000미터에 이르러 구름의 판을 형성한다고 합니다. 마침 그때 그 구름 판 위까지 운전한 다음 찍은 사진이 〈그림 9.5〉에 있습니다. 그리고 그 위로는 매우 건조한 공기가 형성되어 우주배경복사 관측을 하기에 이상적인 장소라고 들었습니다.

해발 1,000미터에 있는 구름 판을 뒤로하고 저희는 다시 테이데관측소를 향하여 떠났습니다. 떠난 지 약 40분 후에 도착했는데, 관측소에는 이미 망원경들이 많이 보였습니다. 〈그림 9.6〉에 그 사진이 있고 GB 망원경은 그림의 중심에 있는 구조물 뒤쪽에 설치될 예정입니다. 관측소에서 본 하늘은 정말로 구름 한 점도 없이 아주 깨끗한 공기로 이루어져 있었습니다. 바라본 하늘은 늘 보던 파란 하늘과는 달리 좀 더 진한색의 하늘로 보였는데, 당시 마치 우주 공간에 다가간 듯 느껴져서 가슴이 설렜던 기억이 납니다. 요새 우리나라에서 말이 많은 미세먼지 문제는 여기에서는 정말로 다른 세상 이야기로만 생각되었습니다.

○● GB 망원경을 이용한 관측

이제부터는 GB 망원경으로 하늘의 어느 부분을 얼마나, 어떻게 관측할 수 있는지에 대하여 소개하겠습니다. 이를 위하여 우선 〈그림 9.7〉을 살펴보겠습니다. 이 그림은 초점판에서 평행한 광선이 이차 및 일차 거울에 반사된 후 하늘로 향하게 되는 상황을 컴퓨터로 계산한 그림입니다. 복잡해서 잘 안 보이겠지만 하나의 직선은 하나의 검출기(〈그림 9.4〉 참고)로부터 출발한 빛의 경로를 나타내고, 총 55개의 서로 다른 경로가 나타나 있습니다. 이를 바탕으로 초점판에 있는 검출기로부터 하늘의 어느 부분을 관측할 수 있는지 짐작할 수 있습니다. 오른쪽 상단에 삽입된 그림은 총 7개의 다른 초점판 육각형에서 보게 되는 하늘의 부분을 표시한 것입니다.

이제 드디어 왜 GB 망원경을 회전시키려고 하는지 설명을 좀 해보겠습니다. 만일 망원경을 고정시켜 놓고 있으면 하늘의 한 점만을 바라보게 됩니다. 실제로 거의 대부분의 지상 망원경 실험은 고정된 부분만을 관측하게 되고, 이에 따라 관측하는 우주배경복사의 회전무늬는 전체 하늘의 수 퍼센트밖에 되지 않습니다. 이러할 경우 크기가 매우 작은 것으로 알려진 우주배경복사 신호 내부 회전무늬는 관측이 더욱더 어려워지지만, 망원경의 안정적 운용을

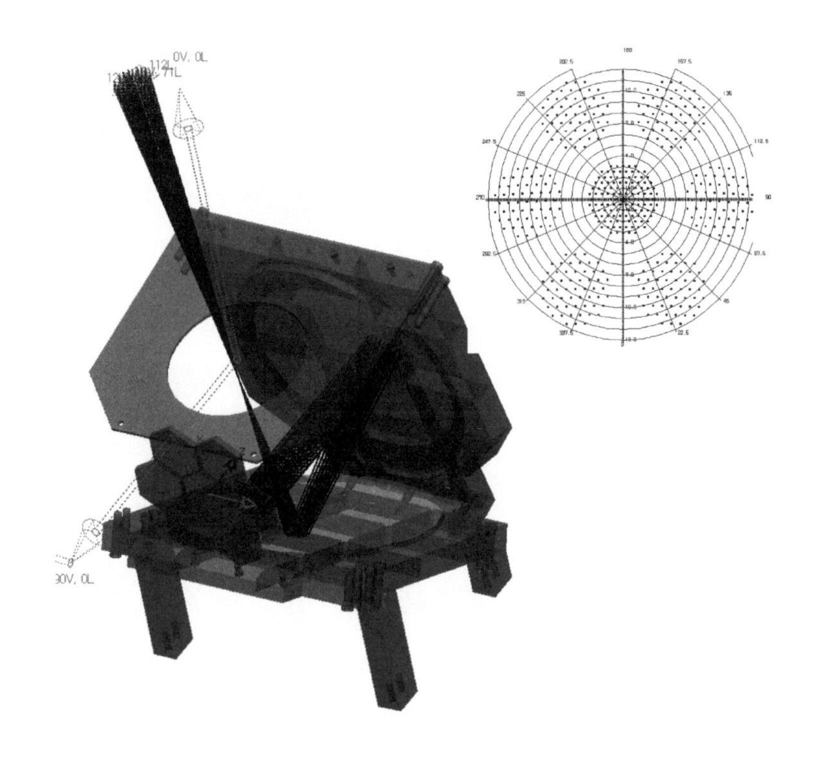

그림 9.7

GB 망원경 초점판에 집속되는 전자기파의 형태를 나타낸 그림. 초점판에서 평행한 광선이 이차 및 일차 거울에 반사된 후 하늘로 향하게 되는 상황을 컴퓨터로 계산한 그림입니다. 복잡해서 잘 안 보이겠지만 하나의 직선은 하나의 검출기(〈그림 9.4〉 참고)로부터 출발한 빛의 경로를 나타내고 총 55개의 서로 다른 경로가 나타나 있습니다. 오른쪽 상단에 삽입된 그림은 총 7개의 다른 초점판 육각형에서 보게 되는 하늘의 부분을 표시한 것입니다. 본 계산은 이경민 박사가 라이트툴즈(LightTools)라는 프로그램을 이용하여 계산하였습니다.

위하여 일반적으로는 망원경을 고정시켜 놓습니다. 특히 매우 민감한 초전도체 기반의 우주배경복사 검출기는 절대 0℃ 근처로 냉각되는데, 이러한 상황에서 망원경 전체를 움직이는 일은 아마도 상상하기 어려울 것입니다.

여러 기술적인 어려움에도 불구하고 GB 망원경은 왜 분당 20회를 회전하도록* 설계되어 있을까요? 여러 가지 이유가 있지만 우선 가장 쉽게 생각할 수 있는 이유는 〈그림 9.8〉에 있습니다. 이 그림은 GB 망원경으로 관측한 하늘 영역에 대한 설명으로 왼쪽 위로부터 아래쪽으로 관측 시작 직후, 1초 후, 3초 후의 그림이 있고, 오른쪽 위로부터 아래쪽으로 1시간 후, 6시간 후, 하루 경과 후의 관측 지역을 표시하고 있습니다. 관측 영역이 밝을수록 더 많은 측정을 했다는 뜻입니다. 즉 회전하는 망원경은 고정되어 있는 망원경에 비하여 훨씬 더 많은 영역의 하늘을 관측한다는 장점이 있습니다. 많은 영역을 관측하면 무슨 장점이 있을까요? 우선 데이터가 많이 있으면 장점이 되리라는 생각은 많은 독자들이 쉽게 할 수 있으리라 생각됩니다. 그렇지만 사실 그것보다도 더 중요한 이유는 따로 있습니다. 비록 회전무늬의 세기는 이론적으로 예측하지 못하고 있지만 그 회전무늬가 만드는 모양의 상대적 세기에 대해서는 많은 이론적 예측을 할 수 있습니다. 이러한 상황은 좀 더 정

* 분당 20회의 회전은 1초에 120°의 회전에 해당되고, 이는 〈그림 9.8〉 왼쪽 가운데 그림에 나타나 있는 셈입니다.

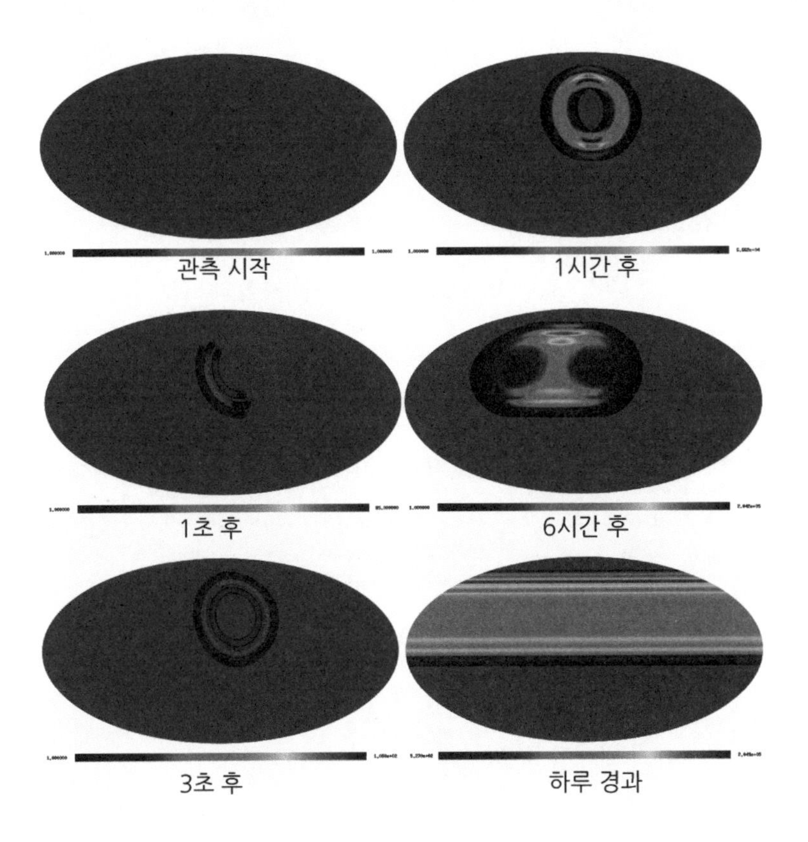

그림 9.8

GB 망원경으로 관측한 하늘에 대한 설명. 왼쪽 위로부터 아래쪽으로 관측 시작 직후, 1초 후, 3초 후의 그림이 있고, 오른쪽 위로부터 아래쪽으로 1시간 후, 6시간 후, 하루 경과 후의 관측 지역을 표시하고 있습니다. 관측 영역이 밝을수록 더 많은 측정을 했다는 뜻이고 이 계산은 이경민 박사가 진행했습니다.

량적으로 〈그림 9.9〉에 나타나 있습니다. 회전무늬의 세기는 각도가 서로 다른 두 지점에 따라 이론적으로 달라지고, 앞서 말한 바와 같이 세기 자체는 알 수 없지만 하늘의 두 지점 간 각도에 따른 상대적 크기의 모양은 잘 예측합니다. 〈그림 9.9〉에 있는 두 곡선은 각각 크기가 0.1, 0.01일 경우를 가정한 이론적 예측입니다.

GB 망원경을 회전시키는 두 번째 이유는 다음과 같습니다. 〈그림 9.9〉에 따르면 일반적으로 서로 다른 두 지점의 각도가 클 경우에 회전무늬의 상대적 크기가 크게 예측됩니다. 그러나 만일 망원경을 회전시키지 않고 고정시키면 하늘의 한 지점만 관측하기 때문에 각도가 큰 영역에 대한 민감도가 현저히 떨어지게 됩니다. 그렇지 않고 GB 망원경과 같이 주축에서 기울인 후 회전시키면 〈그림 9.8〉에 설명되어 있는 바와 같이 하늘의 많은 부분을 관측할 수 있어서 각도가 큰 영역에 대한 민감도가 크게 개선됩니다. 그리고 그 개선된 정도에 따르면 GB 망원경 실험의 회전무늬 측정 민감도는 0.01까지 내려갈 수 있는 것으로 계산되고 있습니다.

○● GB 망원경 운용 계획

2017년 12월, GB 망원경은 초점판에 설치될 우주배경복사 회전무늬 측정 검출기 부분을 제외한 거의 모든 부분 건설이 완료되었습니다. 이제 남은 일의 핵심은 검출기의 제작과 설치가 될 것입니다. 이는 일본 측 연구진이 책임지고 일을 진행하고 있습니다. 두 번째로 중요한 일은 데이터 획득 시스템 및 데이터 보정, 분석용

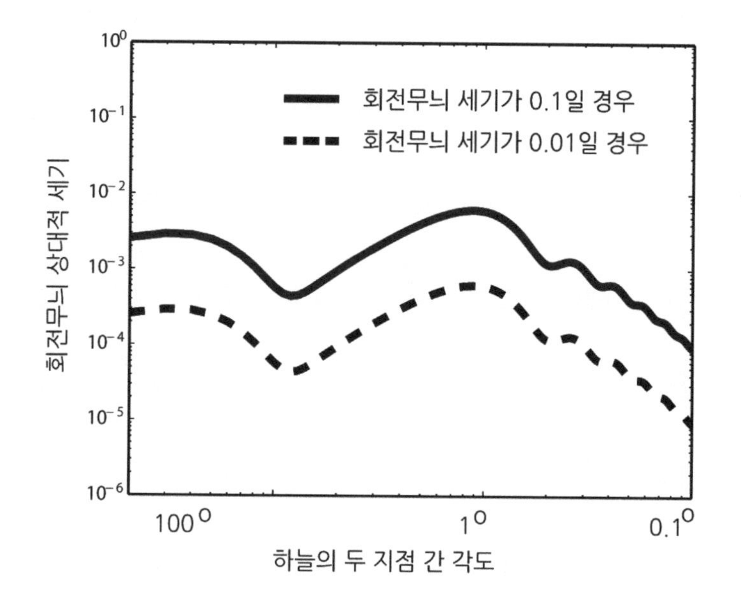

하늘의 두 곳에서 오는 우주배경복사로부터 추출되는 회전무늬의 세기. 회전무늬의 세기는 각도가 서로 다른 두 지점에 따라 이론적으로 달라집니다. 위 두 곡선의 모양은 이론적으로 예측되지만 회전무늬의 크기는 이론적으로는 예측하지 못하는데, 위쪽에서부터 아래쪽으로 상대적 크기가 0.1과 0.01일 경우를 나타내고 있습니다.

소프트웨어의 개발입니다.

현재 이경민 박사는 일본 현지에서 분석용 소프트웨어 개발의 기초 연구를 하고 있습니다. 저도 그렇고 이경민 박사도 그렇고 이러한 연구 분야는 처음이라 개발도 더디고 마구 헤매고 있습니다. 그렇지만 새로운 분야에 대한 연구는 항상 재미있고 가슴을 뛰게 합니다. 망원경은 2018년 여름에 스페인 현지로 이동되고, 시범 운용의 결과에 따라 본격적인 관측이 시작될 예정인데 아마 2019년이 될 듯싶습니다. 개인적으로는 새로운 분야의 새로운 실험을 앞두고 있어서 매우 흥분됩니다. 아마 이 책이 출판될 때면 더 많은 이야기를 여러분들께 할 수 있을지도 모르겠습니다. 새로운 내용은 이 책이 혹시 좀 팔려서 2판이 나오게 되면 그때 추가할 것을 약속드립니다.

눈금계수 a(t)

본문에서 여러 차례 설명하였듯이 우주 팽창의 역사는 눈금계수 $a(t)$에 담겨 있습니다. 따라서 우주론을 연구하는 물리학자들의 주된 관심사는 '$a(t)$가 시간이 흐르면서 어떻게 변화하였는가'입니다. 이번 부록에서는 용기 있는 독자들을 위하여 $a(t)$에 대한 미분방정식을 한번 이야기하려 합니다. 엄밀하게는 아인슈타인의 장방정식이 필요하지만 이는 좀 무리인 듯싶어서 좀 더 친숙한 뉴턴의 중력이론만 가지고 이야기를 전개하겠습니다. 그래도 어려울까요?

이제 팽창하는 우주의 과거 어느 시점 t에서 반경이 $r(t)$로 이루어진 가상의 구를 생각해 보겠습니다. 이 안에는 은하계들이 분포하고 있다고 가정하고, 이에 대한 상황이 〈그림 A.1〉의 왼쪽에 나

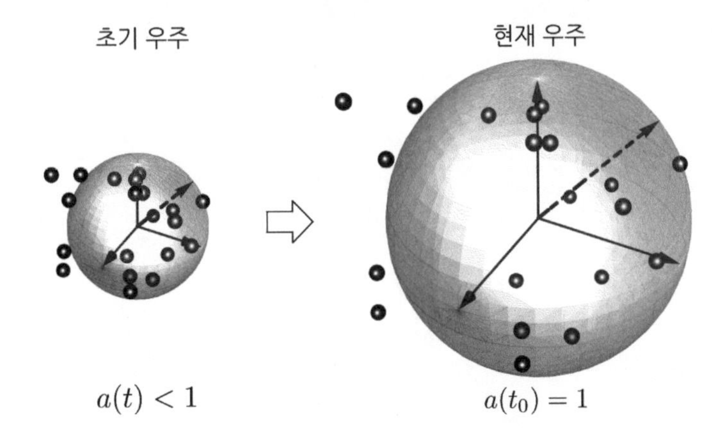

우주가 팽창하는 상황을 나타낸 그림. 검은색 점들은 은하계들을 나타내고 회색의 구면은 팽창하는 우주에서 가상의 구면을 나타내고 있습니다. 왼쪽은 초기 우주를 나타내고 오른쪽은 현재의 우주를 나타내고 있습니다. 1장에서 설명한 바와 같이 우주의 팽창은 은하들 사이 거리가 멀어진다는 것을 의미하고, 우리의 몸을 구성하는 원자들 간의 거리부터 은하계 하나의 크기는 우주가 팽창하지 않는다는 사실을 나타내기 위해서 검은색 점들의 크기는 두 경우 같게 표시하였습니다.

타나 있습니다. 우주가 진화하면서 팽창을 하고 이 가상의 구면 또한 늘어나게 될 것입니다. 오늘날 시점 t_0에서 이 가상의 구면은 반경이 r_0로 늘어나고 이때 이 가상의 구면 내부 은하계들이 만드는 총 질량을 M, 그리고 그때의 질량 밀도를 ρ_0라고 가정하겠습니다. 이 경우 질량은 부피와 밀도의 곱이므로

$$M = \frac{4\pi r_0^3}{3}\rho_0$$

가 만족될 것입니다. 이제 팽창하는 우주의 과거 어느 시점 t로 돌아가서 당시 가상 구면에 있는 질량 m인 입자가 받는 힘은 중력이 되어 수식 (3.3)과 수식 (4.1)이 같아야 됩니다. 이를 표현하면

$$m\frac{d^2r}{dt^2} = -G\frac{Mm}{r^2}$$

이 됩니다. 잘 따라오고 있습니까? 이제 한 가지 중요한 사실을 이야기해 보겠습니다. 이 가상의 구면 내부에 있는 은하들의 총 질량은 M이라고 했고 이 총 질량값은 우주가 팽창하면서 변하지 않습니다. 물론 그 이유는 가상의 구면도 팽창하여 우주가 진화하면서 가상의 구면을 넘나드는 은하계가 없기 때문입니다. 즉 질량 M에 대한 표현식 (A.1)은 위의 수식에 있는 질량 M과 다르지 않아서

$$\frac{d^2r}{dt^2} = -G\frac{1}{r^2}\frac{4\pi r_0^3}{3}\rho_0$$

로 쓸 수 있습니다(m은 양변에서 상쇄됨). 그런데 수식 (1.4)에서 이미 소개한 바와 같이 $r(t) = a(t) \cdot r_{상수}$이고 초기조건으로 $a(t_0) = 1$을 선택한다면 위의 수식은

$$\frac{d^2a}{dt^2} = -\frac{4\pi G}{3}\frac{\rho_0}{a^2} \qquad \text{(A.1)}$$

로 간단하게 정리할 수 있습니다.* 휴, 이제 전체 유도 과정의 반 정도 왔습니다. 이제는 적분을 해야 할 텐데 준비되었습니까?

여러분들 혹시

$$\left(\frac{da}{dt}\right) \cdot \left(\frac{d^2a}{dt^2}\right)$$

를 적분하면 어떻게 되는지 알고 있나요? 답은 (적분상수를 일단 무시하고)

$$\frac{1}{2}\left(\frac{da}{dt}\right)^2$$

입니다. 그것을 어떻게 알 수 있냐고 물으면 그 질문에 대한 답은

* $d^2r/dt^2 = (d^2a/dt^2) \cdot r_{상수}$이고 $r_0 = a(t_0) \cdot r_{상수} = r_{상수}$임을 활용하면 쉽게 유도할 수 있습니다.

위의 표현식을 거꾸로 미분해 보면 알 수 있습니다. 즉,

$$\frac{d}{dt}\frac{1}{2}\left(\frac{da}{dt}\right)^2 = \left(\frac{da}{dt}\right)\cdot\left(\frac{d^2a}{dt^2}\right)$$

가 될 것입니다. 같은 방법으로

$$\int \frac{da}{dt}\frac{1}{a^2}dt = -\frac{1}{a} + \text{상수}$$

임을 알 수 있습니다. 이런 것들을 왜 하냐구요? 자, 이제부터 설명하겠습니다. 저 위에서 유도한 수식 (A.1)에서 우변을 왼쪽으로 옮기고 양변에 (da/dt)를 곱해 준 후

$$\frac{da}{dt}\left[\frac{d^2a}{dt^2} + \frac{4\pi G}{3}\frac{\rho_0}{a^2}\right] = 0$$

수식을 적분해 보면

$$\left(\frac{da}{dt}\right)^2 - \frac{8\pi G}{3}\frac{\rho_0}{a} = C$$

로 정리된다는 사실을 알 수 있고 (위의 적분 수식들을 써서) 여기서 C를 적분상수로 나타내었습니다. 우주가 팽창함에 따라 질량 M은 변하지 않지만 밀도 $\rho(t)$는 일반적으로 점점 줄어들게 되어

$$\rho(t) = \frac{M}{\frac{4\pi r^3}{3}} = \frac{\rho_0}{a^3}$$

로 자연스럽게 눈금계수의 세제곱에 반비례하여 줄어들게 됩니다.

이를 적분 결과에 넣고 $(da/dt) \equiv \dot{a}$라고 표현하면 드디어

$$\left(\frac{\dot{a}}{a}\right)^2 = \frac{8\pi G}{3}\rho(t) + \frac{C}{a^2} \tag{A.2}$$

라는 표현을 얻게 됩니다. 이 수식은 $\dot{a}$, a 등이 복잡하게 들어가 있는 미분방정식입니다. 또한 이를 풀려면 $\rho(t)$에 대한 정보까지 필요합니다. 하지만 원칙적으로는 이 방정식을 풀 수 있어서 함수 $a(t)$를 알 수 있게 되는 것입니다. 즉, **우주의 팽창이 어떤 역사를 가지고 진행되었는지를 알아낼 수 있다**는 의미입니다. 따라서 여기까지 따라올 수 있는 독자 여러분들은 스스로 자랑스럽게 생각해야 합니다. 드디어 우주 팽창을 기술하는 미분방정식을 구한 것입니다.

이제 마지막 단계를 설명하겠습니다. 위의 수식을 좀 더 간단하게 하기 위하여 1장 후반부에 나온 허블 변수

$$H(t) = \frac{da/dt}{a} = \frac{\dot{a}}{a}$$

를 사용하여

$$\rho_c \equiv \frac{H^2}{\frac{8\pi G}{3}} \quad \text{과} \quad \Omega \equiv \frac{\rho}{\rho_c}$$

를 정의하면 위의 수식 (A.2)는

$$H^2(1-\Omega) = \frac{C}{a^2} \tag{A.3}$$

와 같이 간단하게 정리됩니다. 여기서 한 가지 중요한 이야기를 하겠습니다. 이 수식에 나와 있는 적분상수 C는 과연 어떠한 물리적 의미를 갖고 있을까요? 불행히도 이 질문에 대한 답은 아인슈타인의 일반 상대성이론에 의한 장방정식으로 풀어야 합니다. 즉 수식 (1.2) 또는 〈그림 3.13〉에 설명된 장방정식을 정확하게 풀어야 합니다. 이에 따르면 적분상수 C는 공간이 휘어져 있는 정도를 나타낸다는 사실을 알 수 있습니다.

오늘날 우리 우주에는 다양한 형태의 에너지가 존재하고 있음을 알고 있습니다. 즉 우리 우주는 빛, 보통물질, 암흑물질, 암흑에너지로 이루어져 있습니다. 따라서 수식 (A.2)에 있는 밀도 ρ는 이 에너지 형태들을 모두 포함해야 하고, 그다음 수식을 풀어낸 결과가 〈그림 6.5〉에 나타나 있는 셈입니다.

주요 수식 모음

1.1	(힘) = (질량) × (가속도) $F = ma$
1.2	시공간이 휘어진 정도 = 모든 에너지 형태
1.3	$v = H_0 r$
1.4	(물리적 거리) = (눈금계수) × (고정된 거리) $r(t) = a(t) \cdot r_{상수}$
2.1	빛의 세기$(f, T) \propto \dfrac{f^3}{\exp(hf/kT)-1}$
3.1	$v + w$

3.2	(특수 상대론적 에너지)^2 = (질량)^2 × (빛의 속력)^4 + (운동량 × 빛의 속력)^2
3.3	힘 = (관성질량) × (가속도)
3.4	가속도 = $\dfrac{(\text{중력질량})}{(\text{관성질량})}$ × (중력장)
4.1	두 물체 간 중력의 크기 = (중력상수) $\dfrac{(\text{첫 번째 물체의 질량})(\text{두 번째 물체의 질량})}{(\text{두 물체 간 거리})^2}$
A.1	$\dfrac{d^2a}{dt^2} = -\dfrac{4\pi G}{3}\dfrac{\rho_0}{a^2}$
A.2	$\left(\dfrac{\dot{a}}{a}\right)^2 = \dfrac{8\pi G}{3}\rho(t) + \dfrac{C}{a^2}$
A.3	$H^2(1-\Omega) = \dfrac{C}{a^2}$

참고자료

1 "Limits on the effective quark radius from inclusive *ep* scattering at HERA," *Physics Letters B* 757, 468~472(2016). 이 논문은 이론적으로는 내부 구조가 없는 쿼크의 크기를 전자-양성자 충돌 실험을 통하여 측정해 보려고 했던 실험입니다. 실험 측정 결과는, 쿼크는 내부 구조가 적어도 10^{-19}미터까지는 없다는 것입니다. 이러한 결론을 어떻게 내릴 수 있는지에 대한 정성적 설명은 4장에서 다루기로 합니다.

2 Edward Harrison, *Cosmology*, 2nd Edition, Cambridge University Press(2000). 1900년 전까지의 우주론 발전에 대한 이야기가 잘 정리되어 있는 참고서적입니다. 관심이 있는 독자들은 1장과 2장을 읽어 보기 바랍니다.

3 "Zur Elektrodynamik bewegter Körper(On the Electrodynamics of Moving Bodies)," *Annalen der Physik* 17(10), 891~921(1905). 아인슈타인이 발표한 특수 상대성이론에 대한 논문입니다. 독일어로 되어 있어서 읽기 어렵습니다. 하지만 과학자로서 과학적 업적에 대한 인용을 정확하게 하는 것은 중요하다는 사실을 말씀드리기 위해서 여기에 소개하는 측면도 있음을 이해하였으면 합니다.

4 "Feldgleichungen der Gravitation(The Field Equations of Gravitation)," *Preussische Akademie der Wissenschaften, Sitzungsberichte*(part 2), 844~847(1915). 아인슈타인은 일반 상대성이론에 대하여 이것뿐 아니라 여러 논문을 같은 해에 발표하였습니다.

5 George Gamow, *My World Line*(1970). 이 책에서 가모는 아인슈타인이 가모에게 우주상수의 도입은 인생 최대의 실수라고 했음을 회고합니다.

6 A. Friedmann, "On the Curvature of Space," *Zeitschrift für Physik* vol. 10, 377~386(1922); "On the Possibility of a World with Constant Negativ Curvature," *Zeitschrift für Physik* vol. 21, 326~332(1924). 두 논문은 J. Bernstein and G. Feinberg, *Cosmological Constants: Papers in Modern Cosmology*, Columbia University Press(1987)에 번역되어 있습니다.

7 "Planck 2015 resuts. XIII. Cosmological Parameters," *Astronomy and Astrophysics*, 594 A13(2016). 이 논문에 있는 수식 (50)에는 $\Omega_k = 0.000 \pm 0.005$라고 정리되어 있습니다. 여기서 Ω_k는 공간 곡률을 나타내고, 이에 대한 해석은 본문에 설명되어 있습니다. 다만 미래에 보다 정밀한 측정에 의해 0이 아닌 공간 곡률이 나타날 가능성을 배제할 수 없습니다.

8 A. Einstein, "Remark on the Work of A. Friedmann 'On the Curvature of Space'," *Zeitschrift für Physik* vol. 11, 326(1922). 이 논문 또한 *Cosmological Constants*에 번역되어 있습니다.

9 A. Einstein, "A Note on the Work of A. Friedmann 'On the Curvature of Space'," *Zeitschrift für Physik* vol. 16, 228(1923). 이 논문 또한 *Cosmological Constants*에 번역되어 있습니다.

10 Alan Guth, *The Inflationary Universe*, Basic Books(1997). 이 책은 인플레이션 우주론의 창시자인 앨런 구스 교수가 일반인을 대상으로 쓴 책으로 —소위 말하는 저자 직강— 독자들에게 한번 읽어 볼 것을 추천합니다.

11 Edwin Hubble, "A Relation Between Distance and Radial Velocity Among Extra-galactic Nebulae," *Proceedings of the National Academy of Science* vol. 15, 168~173(1929). 이 역사적인 논문은 다행히도 쉽게 찾을 수 있습니다.

여섯 페이지로 구성된 이 논문은 영어 독해에 문제없는 독자 여러분들은 비교적 쉽게 읽어 볼 수 있습니다 — 라고 저는 생각합니다.

12 원은일 번역, 『핵 및 입자물리학』 개정 2판, 범한서적(2010). 이 번역본은 대학교 물리학과 학부 4학년을 위한 교과서입니다. 미분에 자신이 있는 독자 여러분들은 한 번쯤 도전해 볼 수도 있지 않을까요?

13 태양에서 방출되는 빛의 파장에 따른 세기의 측정값은 2000 Amer. Soc. Testing and Materials(ASTM) E-490 Air Mass 0 spectrum에서 얻었습니다. 미국의 "물질과 테스트" 학회에서 2000년도에 발간한 데이터라고 보시면 되고 본문의 〈그림 2.1〉은 제가 2017년 봄학기에 학부 전산물리학을 강의하던 것이 인연이 되어 파이선(python)으로 직접 그려 보았습니다. 강의하기 전에는 파이선 언어를 몰라서 따로 공부했다는 점을 이 지면을 빌려 고백합니다.

14 강주상, 『양자물리학』 개정판, 홍릉과학출판사(2008). 제3장에서 말씀드린 고 강주상 교수의 책으로, 대학교 교재로 널리 쓰이고 있습니다.

15 A. Einstein, *Relativity: the special and the general theory*, Crown Inc. (1952). 이 책은 상대성이론의 창시자인 아인슈타인이 1916년에 처음으로 직접 집필한 책으로, 일반인들을 대상으로 작성한 것으로 생각됩니다(그래도 수식은 좀 나옵니다). 다섯 번째 판은 1952년에 작성되었고 제가 가지고 있는 것이 5판입니다.

16 OPERA 그룹, "Measurement of the neutrino velocity with the OPERA detector in the CNGS beam," *Journal of High Energy Physics* 093(2012). 논문에서는 실제로 중성미자의 속력(v)과 빛의 속력(c)의 차이가 $(v\text{-}c)/c$ = $(2.48 \pm 0.28 \pm 0.30) \times 10^{-5}$라고 주장하였습니다. 그리고 이 숫자는 위의 정식 논문에서는 볼 수 없고 https://arxiv.org/abs/1109.4897v1에서만 찾을 수 있습니다.

17 R. Feynman, *Lectures on Physics* vol. 1, 15장. 이 책은 미국의 유명한 물리학자 리처드 파인만의 일반물리학 강연 내용을 다루고 있습니다. 대학의 일반물리학 수준의 이 책에는 많은 내용들이 쉽게 설명되어 있고 특수 상대성이론도 예외가 아닙니다. 다행히도 우리말로 번역된 책이 있으니 참고하기 바랍니다.

18 https://arxiv.org/abs/1607.07478에서 찾을 수 있고 원래의 참고문헌은 위의 논문의 참고문헌 86번인 U. Kraus, M. P. Borchers, *Physik in unserer Zeit* vol. 36, issue 2, 53(2005)인데 이것이 독일어로 되어 있어서 찾기가 어려워 위의 참고문헌을 일단 언급하였습니다.

19 E. Rutherford, "The Scattering of α and β rays by Matter and the Structure of the Atom," *Philos. Mag.* vol. 6, 21(1911). 러더퍼드의 이 역사적인 실험 논문은 다행히도 쉽게 찾을 수 있습니다. 실험에 대한 논의가 그림과 함께 잘 설명되어 있습니다. 다만 수식이 좀 있어서 일반 독자들은 어렵게 느낄 수도 있겠습니다.

20 C. Patrignani *et al.*(Particle Data Group), *Chin. Phys. C* 40, 100001(2016). 이 책은 입자물리학 분야에서 2년마다 개정되는 책으로 현재까지 발견된 입자들에 대한 특징, 현대 입자물리학 이론과 실험 기술에 대한 요약이 담겨 있는 일종의 입자물리학 백과사전입니다. 〈표 4.1〉에 나열된 입자들은 이 책에 수록된 입자들 중 극히 일부입니다. 참고로 최신 내용들은 http://pdg.lbl.gov에서도 확인할 수 있습니다.

21 E. D. Bloom *et al.* "High-Energy Inelastic *e-p* Scattering at 6° and 10°," *Physical Review Letters* 23, 930~934(1969).

22 M. Gell-Mann, "A Schematic Model of Baryons and Mesons," *Physics Letters* vol. 8, 214~215(1964), G. Zweig, *CERN Preprints TH 401 and 402*(1964) (발간되지않음).

23 James Maxwell, "A dynamical theory of the electromagnetic field," *Philosophical Transactions of the Royal Society of London* 155, 459~512(1865).

24 S. N. Ahmed *et al.*(SNO Collaboration), *Physical Review Letters* 92, 102004(2004). 본 실험은 캐나다 온타리오 지역 지하 2,100미터 아래에 위치한 서드베리(Sudbury) 중성미자관측소에서 수행된 실험으로 약 1,000톤의 물을 원형의 탱크에 저장한 검출기를 이용하였습니다.

25 F. Englert, R. Brout, "Broken Symmetry and the Mass of Gauge Vector Mesons," *Physical Review Letters* 13(9), 321~323(1964); P. Higgs, "Broken Symmetries and the Masses of Gauge Bosons," *Physical Review Letters* 13(16), 508~509(1964); G. Guralnik, C. R. Hagen, T. W. B. Kibble, "Global Conservation Laws and Massless Particles," *Physical Review Letters* 13(20), 585~587(1964). 역사적으로 보았을 때 위의 세 논문이 독립적으로 "힉스 입자"를 제안하였습니다. 2010년에는 일본의 유명한 물리학자 J. J. Sakuri를 기념하기 위한 상을 위 논문의 저자이신 여섯 분 모두 수상하였습니다. 하지만 2013년 노벨 물리학상은 여섯 분 모두에게는 돌아가지 못했습니다.

26 C. S. Wu, E. Ambler, R. W. Hayward, D. D. Hoppes, R. P. Hudson, "Experimental Test of Parity Conservation in Beta Decay," *Physical Review* 105, 1413(1957). 이 논문은 총 두 쪽이 채 안 되는 아주 간단한 실험 논문입니다. 영어에 자신이 있는 독자 분들은 한번 도전해 보기 바랍니다.

27 J. H. Christenson, J. W. Cronin, V. L. Fitch, R. Turlay, "Evidence for the 2π Decay of the K20 Meson," *Physical Review Letters* 13, 138(1964). 이 논문은 당시 입자물리학자들을 충격 속으로 빠뜨렸습니다. 왜 약한 상호작용만 CP 대칭성을 깨뜨리는지, 그리고 K^0 입자는 CP 대칭성이 깨지는 정도가 왜 이렇게 작은지(10^{-3} 수준) 모두 놀라움의 대상이었습니다.

28 D. Neagu, E. O. Okonov, N. I. Petrov, A. M. Rosanova, V. A. Rusakov, "Decay Properties of K20 Mesons," *Physical Review Letters* 6, 552(1961). 이 논문에서는 $K^0 \rightarrow \pi^+ \pi^-$ 반응에 대한 상한선으로 0.3%를 제시하였습니다.

29 http://www.ams02.org. 2011년 우주정거장에 설치된 자석 분광기로서 약 500여 명의 과학자들이 참여하고 있는 국제 공동 실험입니다. 건설비는 약 1조 원이 가볍게 넘어간다고 하는데, 기초과학에 주저 없이 투자하는 눈에 보이지 않는 그 힘이 부럽기도 하고 한편으로는 무섭기도 합니다.

30 P. Huet, Eric Sather, "Electroweak baryogenesis and standard model *C P* violation," *Physical Review D* 51, 379(1995).

31 http://www.kek.jp. 이 연구소는 일본 입자물리학 실험 및 이론의 메카로 자리 잡고 있습니다. 우연히도 이 연구소와 입자물리학 실험으로 인연을 시작하였는데 그 인연이 이어져서 현재는, 8장에서 설명드리게 될, 초기 우주 물리학에 대한 연구로 이어지고 있습니다.

32 벨 그룹, "Observation of Large *C P* Violation in the Neutral *B* Meson System," *Physical Review Letters* 87, 091802(2001). 제목에서 나타나는 바와 같이 *B* 중간자계에서 최초로 *C P* 깨짐 현상을 실험적으로 규명한 논문으로, 2008년 노벨 물리학상 수상을 이끌게 됩니다.

33 Bondi, Gold, "The Steady-State Theory of the Expanding Universe," *Monthly Notice of the Royal Astronomical Society* 108, 252(1948). Hoyle, "A New Model for the Expanding Universe," *Monthly Notice of the Royal Astronomical Society* 108, 372(1948). 두 논문 모두 역사적으로 흥미로운 논문입니다. 두 논문 다 쉽게 찾을 수 있고 아마 물리학과 대학생 정도면 도전해 볼 만한 수준으로 생각됩니다.

34 R. A. Alpher, R. C. Herman, “On the Relative Abundance of the Elements,” *Physical Review* 74, 1737(1948). 논문의 내용을 살펴보면 결론 부분에 빛의 복사에 의한 온도를 계산했다는 언급이 있습니다.

35 R. Dicke, R. Beringer, R. Kyel, A. B. Vane, “Atmospheric Absorption Measurements with a Microwave Radiometer,” *Physical Review* 70, 340(1946).

36 R. B. Partridge, *3K: The Cosmic Microwave Background Radiation*, Cambridge University Press, 48(1995). 초기 우주배경복사 이론과 측정에 대한 실패와 발전을 자세하게 다루고 있습니다.

37 A. A. Penzias, R. W. Wilson, “A Measurement of Excess Antenna Temperature at 4080 Mc/s,” *Astrophysical Journal* 142, 419(1965). 채 두 쪽이 안 되는 이 논문으로 펜지어스와 윌슨은 1978년 노벨 물리학상을 수상하게 됩니다. 본문에서도 잠깐 언급했지만 꾸준한 노력과 성실하게 실험에 임하는 자세가 중요한 발견의 기본적 자세입니다.

38 R. H. Dicke, P. J. E. Peebles, P. G. Roll, D. T. Wilkinson, “Cosmic Black Body Radiation,” *Astrophysical Journal* 142, 415(1965). 제목에서 알 수 있듯이 이 논문은 펜지어스와 윌슨의 측정 결과가 우주에서 오는 흑체복사를 뜻한다고 설명합니다.

39 J. C. Mather, D. J. Fixsen, R. A. Shafer, “Design for the COBE Far Infrared Absolute Spectrophotometer(FIRAS),” 1993, COBE Preprint 93-10, in Proc. SPIE, 2019, 168(SPIE: Bellingham, WA), from Conference on Infrared Spaceborne Remote Sensing, 11~16 July 1993, San Diego, CA. 본문에서 소개된 원적외선 절대 분광광도계에 대한 참고논문입니다. 제가 유일하게 무료로 찾을 수 있었던 논문으로, 혹시 기술적인 내용에 관심이 있는 독자분들은 참고하기 바랍니다.

40 M. Alley, *The Craft of Scientific Presentations*, Springer(2003). 이 책은 과학 분야 발표에서 흔히 하게 되는 실수 및 개선책을 논의하고 있습니다. 특히 본문에서 언급한 우주왕복선 챌린저호 사고를 예로 들면서 기술자들의 우려가 미국 항공우주국 본부까지 효과적으로 전달되지 못한 이유 중 하나로 그 우려를 표현하는 기술에 문제가 있었다고 지적합니다. 쉬운 것 같으면서도 어려운 것이 자신의 생각을 남에게 전달하는 일입니다.

41 The COBE Team: J. C. Mather *et al.*, "A Preliminary Measurement of the Cosmic Microwave Background Spectrum by the Cosmic Background Explorer(COBE) Satellite," *Astrophysical Journal Letters* 354, L37~40(1990). 이 논문은1990년 1월까지 채 두 달이 못 되는 기간 동안 받은 데이터의 분석을 발표한 결과를 담고 있고, 본문의 그림은 공식적으로 미국천문학회의 허가를 받고 넣었습니다.

42 이 방정식은 현재 측정되는 암흑에너지, 암흑물질, 보통물질, 우주배경복사 에너지 밀도가 상대적으로 Ω_Λ, Ω_m, Ω_b, Ω_r이라고 할 경우

$$\frac{1}{a(t)}\frac{da(t)}{dt} = H_0\sqrt{(\Omega_m + \Omega_b)a^{-3} + \Omega_r a^{-4} + \Omega_\Lambda}$$

로 나타나는 비선형 미분방정식입니다. 물론 위 수식에서 H_0는 오늘날 관측되는 허블 상수의 값으로 이미 수식 (1.3)에서 소개된 바 있습니다.

43 본문에서 언급했던 열적 평형의 깨짐과 수소 원자의 들뜬 상태를 모두 고려하면 〈그림 6.7〉을 그리기 위해서는 복잡한 미분방정식을 수치적으로 풀어야 합니다. 미분방정식은 논문 http://arxiv.org/abs/astro-ph/0606683에 정리되어 있고 방정식은 수치적으로 제가 직접 풀어 그려 보았습니다.

44 G. Smoot *et al.*, "COBE Differential Microwave Radiometers: Instrument Design and Implementation," *Astrophysical Journal* 360, 685(1990). 이 논문에는 제가 "라디오파 차등 측정기"로 번역한 장치에 대한 기술적인 내용이

담겨 있습니다.

45 http://camb.info 주소에는 원래의 프로그램에 대한 내용이 담겨 있고, 웹 기반으로 쉽게 프로그램을 체험할 수 있는 주소는 https://lambda.gsfc.nasa.gov/toolbox/tb_camb_form.cfm입니다. 여러분들도 한번 시도해 보기 바랍니다.

46 The COBE Team: G. Smoot *et al.*, "Structure in the COBE Differential Microwave Radiometer First-Year Maps," *Astrophysical Journal Letters* 396, L1~5(1992). 이 논문의 핵심 결과는 원시 배경복사의 비등방성이 $\Delta T/T \approx 6 \times 10^{-6}$이라는 것입니다. 즉, 다양한 각도에서 오는 배경복사의 온도가 평균온도에 비해서 10만 분의 1 정도에서 작거나 크다는 의미로 해석됩니다.

47 본 논문은 "Dark Matter, Astronomy and Astrophysics"(Eds. Oddbjorn Engvold, Rolf Stabell, Bozena Czerny, John Lattanzio), *Encyclopedia of Life Support Systems*(EOLSS), Developed under the Auspices of the UNESCO, Eolss Publishers(2010)이지만 arXiv:0901.0632로 검색하여 찾을 수 있습니다. 이 논문은 암흑물질 발견의 역사에 대한 상세한 설명을 담고 있어서 독자 여러분들께 좋은 참고가 될 것입니다.

48 F. Zwicky, *Helvetica Physica Acta* 6, 110(1933). 이 논문에서 "dunkle Materie"라는 독일어가 등장하는데 이 말은 바로 암흑물질이라는 뜻입니다.

49 강주상, 『이휘소 평전』, 사이언스북스(2017). 이 책은 이휘소 박사님의 대표적 한국인 제자이며 지금은 작고하신 고려대학교 물리학과 강주상 교수가 2006년 처음으로 『이휘소 평전』을 출간하고 이후 개정판을 내려고 했던 노력에 대한 마지막 결과입니다. 이미 3장에서 언급한 바와 같이 강주상 교수님은 2017년 1월에 돌아가셨고 2017년은 이휘소 박사님께서 돌아가신 지 40주년이 되기도 합니다. 이 책은 이휘소 박사에 대한 객관적인 사실을 서술한 책으로, 항간에 떠도는 핵무기 관련 허구를 정확하게 지적하고 있

습니다.

50 B. W. Lee, S. Weinberg, "Cosmological Lower Bound on Heavy-Neutrino Masses," *Physical Review Letters* 39, 165(1977). 이 논문은 만일 전기적으로 중성인 무거운 중성미자와 같은 가상의 입자가 있다면 그러한 입자의 질량은 어떻게 계산될 수 있는가를 설명하고 있습니다. 총 네 쪽이 채 안 되는 분량입니다.

51 A. G. Riess *et al.*, "Observational Evidence from Supernovae for an Accelerating Universe and a Cosmological Constant," *Astronomical Journal* 116, 1009~1038(1998).

52 S. Carroll, "The Cosmological Constant," *Living Reviews in Relativity* 4, 1(2001). 이 논문에서는 직접적으로

$$\frac{\text{암흑에너지 밀도(계산값)}}{\text{암흑에너지 밀도(측정값)}} = 10^{120}$$

이라는 수식이 등장합니다. 10^{120}이라는 숫자는 제가 지금까지 구경해 본 숫자 중에서 가장 큰 숫자인 듯합니다. 이 수식이 등장하는 본문에서는 사실 에너지 밀도보다는 질량으로 비교하는 것이 더 적절하다고 하여 지수부분을 4로 나눈 값인

$$\frac{\text{암흑에너지 질량(계산값)}}{\text{암흑에너지 질량(측정값)}} = 10^{30}$$

을 표시합니다. 제가 보기엔 10^{30}이나 10^{120}이나 모두 터무니없이 큰 숫자입니다.

53 T. Clifton, "Does Dark energy Really Exist?," *Scientific American* 300(4),

48~55(2009). 이 자료는 논문이 아니라 일반 대중을 위한 미국 잡지 *Scientific American*의 글입니다. 일반인들도 쉽게 읽을 수 있습니다. 다만 자료에 접근하려면 온라인 구매를 하거나 도서관에서 복사해야 하는 귀찮은 절차가 필요할지도 모르겠습니다. 고려대학교에서는 온라인에서 무료로 제공하고 있으니 관심 있는 독자, 특히 중·고등학교 학생들은 고려대학교에 입학하시면 무료로 읽을 수 있습니다.

54 Alan Guth, *Physical Review D* 23, 347(1981); D. Linde, *Physical Letters* 108B, 389(1982); A. Albrecht and P. J. Steinhardt, *Physical Review Letters* 48, 1220(1982). 위의 세 논문은 모두 어려운 전문 분야의 논문으로, 일반 독자분들이 읽기에는 어렵습니다. 솔직히 말하면 실험을 하는 저도 잘 모르겠습니다. 하지만 기록을 남겨 놓기 위함과 동시에 혹시 독자분 중 읽어 보실 분들을 위해서 남겨 놓습니다.

55 BICEP2 / Keck Array, "Improved Constraints On Cosmology and Foregrounds When Adding 95GHz Data From Keck Array," *Physical Review Letters* 116, 031302(2016). 이 논문에는 초기 우주 급속팽창 이론이 얼마나 현재의 물리학자들에게 받아들여지고 있는지에 대한 평이 잘 나와 있습니다. 그리고 이 논문은 본문에서 설명한 원시 중력파의 크기가 0.07보다는 작아야 한다는 실험 결과도 포함하고 있고 적어도 지금까지는 가장 좋은 결과입니다.

56 Alan Guth, So-Young Pi, "Fluctuations in the New Inflationary Universe," *Physical Review Letters* 49, 1110(1982). 이 논문이 바로 구스 교수와 피서영 교수가 본문에서 언급한 워크숍 직후 결과를 정리한 논문입니다. 한국 출신의 물리학자가 초기 우주 급속팽창 이론 전개 초기에 공헌을 했다는 점이 흥미롭습니다.

57 B. R. Ko, E. Won, B. Golob, P. Pakhlov, "Effect of nuclear interactions of neutral kaons on *CP* asymmetry measurements," *Physical Review D* 84,

111501(R)(2011). 이 논문은 중성 K^0와 $\overline{K}^0$ 중간자들이 물질과 상호 반응하는 양식의 미묘한 차이를 다루는 논문이었습니다. 이 논문은 제가 지금까지 쓴 논문 중에서 심사 과정이 가장 긴 논문이었습니다. 2010년 6월에 제출된 논문은 최종 출간까지 무려 세 번이나 다시 제출되어 재심사를 받아 결국 2011년 12월에 출간되었습니다. 약 1년 반 동안 고병록 박사와 저는 많은 시간을 투자하여 심사위원의 논리를 반박하였고, 그 과정에서 몰랐던 사실 또한 많이 배우게 된 귀중한 시간이었습니다.

찾아보기